T0198608

Mathematik Kompakt

Birkhäuser

Mathematik Kompakt

Die neu konzipierte Lehrbuchreihe *Mathematik Kompakt* ist eine Reaktion auf die Umstellung der Diplomstudiengänge in Mathematik zu Bachelor und Masterabschlüssen. Ähnlich wie die neuen Studiengänge selbst ist die Reihe modular aufgebaut und als Unterstützung der Dozierenden sowie als Material zum Selbststudium für Studierende gedacht. Der Umfang eines Bandes orientiert sich an der möglichen Stofffülle einer Vorlesung von zwei Semesterwochenstunden. Der Inhalt greift neue Entwicklungen des Faches auf und bezieht auch die Möglichkeiten der neuen Medien mit ein. Viele anwendungsrelevante Beispiele geben den Benutzern Übungsmöglichkeiten. Zusätzlich betont die Reihe Bezüge der Einzeldisziplinen untereinander.

Mit *Mathematik Kompakt* entsteht eine Reihe, die die neuen Studienstrukturen berücksichtigt und für Dozierende und Studierende ein breites Spektrum an Wahlmöglichkeiten bereitstellt.

Karl-Heinz Hoffmann · Gabriele Witterstein

Mathematische Modellierung

Grundprinzipien in Natur- und Ingenieurwissenschaften

Karl-Heinz Hoffmann
LS für Mathematische Modellbildung
TU München
Garching, Deutschland

Gabriele Witterstein
LS für Mathematische Modellbildung
TU München
Garching, Deutschland

ISBN 978-3-7643-9974-0
ISBN 978-3-0346-0650-9 (eBook)
DOI 10.1007/978-3-0346-0650-9
Springer Basel Dordrecht Heidelberg London New York

Die Deutsche Nationalbibliothek verzeichnet diese Publikation in der Deutschen Nationalbibliografie; detaillierte bibliografische Daten sind im Internet über http://dnb.d-nb.de abrufbar.

Mathematics Subject Classification (2010): 97Mxx, 97M50, 93A30

Korrigierter Nachdruck der 1. Auflage 2014

Einbandentwurf: deblik, Berlin

Gedruckt auf säurefreiem und chlorfrei gebleichtem Papier

Springer Basel ist Teil der Fachverlagsgruppe Springer Science+Business Media
www.springer.com

Vorwort

Mit dem vorliegenden Buch geben wir eine Einführung in die mathematische Modellbildung realer physikalisch-technischer Prozesse. Der Stoff gehört in der Regel nicht zu einer Standardvorlesung der mathematischen Grundausbildung an Hochschulen. Gleichwohl werden solche Themen in den unterschiedlichsten Vorlesungen des Grundstudiums angesprochen. Seit Einführung der neuen Studienstruktur mit den Bachelor- und Masterabschlüssen gehört eine Vorlesung mit Übungen zur mathematischen Modellbildung zum regelmäßigen und obligatorischen Programm für Studierende im Bachelorstudium Mathematik an der Technischen Universität München. Der in diesem Buch dargestellte Stoff wurde in mehreren Vorlesungen mit Übungen in München erprobt und stellt einen erweiterten Kern der Inhalte dieser Vorlesungen dar. Vorausgesetzt werden elementare Kenntnisse aus Natur- und Ingenieurwissenschaften sowie der Stoff der Anfängervorlesungen zur Analysis und linearen Algebra. Mathematische Modellbildung zur hier behandelten Thematik kommt nur schwerlich ohne Grundprinzipien der Differenzialgleichungen aus. So werden in diesem Buch einfache Kenntnisse der gewöhnlichen und partiellen Differenzialgleichungen, wie sie heute teilweise bereits in den Anfängervorlesungen geboten werden, vorausgesetzt. Die einzelnen Kapitel dieses Buches können weitgehend unabhängig voneinander studiert werden. Am Ende jedes Kapitels wurden Übungsaufgaben unterschiedlichen Schwierigkeitsgrades zur Einübung des Stoffes eingefügt. Eine Besonderheit der Übungen zur Modellbildung an der Technischen Universität München bildet die Erarbeitung von Lösungen zu größeren Modellbeispielen. Mit dem Kap. 6 werden einige solcher Fallbeispiele vorgestellt. Wir denken, dass im Laufe der Jahre ein größerer Katalog von solchen Fallbeispielen entstehen wird, der dann im Internet bereitstehen kann.

Zum Thema mathematische Modellbildung sind über die Zeit mehrere Monografien publiziert worden (z. B. [13], [16], [5], [6]) und es sind in jüngerer Zeit Internetdarstellungen zu finden (z. B. [15], [4], [10]), die dieses Buch beeinflusst haben. Neben den traditionellen Teilen wie Entdimensionalisierung und Skalierung enthält das Buch vollständig neu geschriebene Passagen, wie zum Beispiel den Übergang von der Punktmechanik zur Kontinuumsmechanik und die Einführung der Erhaltungssätze (nach [1]). Die Hauptsätze der Thermodynamik werden in einer für Mathematiker geeigneten Schreibweise dargestellt. Darüber hinaus sind viele Teile aus dem Buch von Eck, Garcke, Knabner ([5]) übernommen und dem Format der Buchreihe Mathematik Kompakt entsprechend gekürzt worden. Der Leser kann daher problemlos zu dem umfangreicheren Buch von [5] hinüberwechseln.

Wie in der Serie „Mathematik Kompakt“ üblich, sind kurze Bemerkungen zu den Namen berühmter Autoren in Fußnoten angefügt.

Wir danken Birkhäuser/Springer Basel für die Hilfe bei der Abfassung des Manuskriptes und die Geduld mit den Autoren bei dessen Erstellung.

München, Juni 2013

Karl-Heinz Hoffmann
Gabriele Witterstein

Inhaltsverzeichnis

1 Einleitung

Oft werden in mathematischen Vorlesungen Gleichungen und Strukturen betrachtet, die als gegeben angenommen werden, ohne darzustellen, wo diese mathematischen Objekte herkommen. Die mathematische Modellierung hingegen geht von einer Fragestellung etwa aus den Naturwissenschaften, den Wirtschaftswissenschaften, kurz aus der realen Welt aus, und versucht diese in einen mathematischen Formalismus abzubilden. Da reale Fragestellungen jedoch in der Regel einen hohen Grad an Komplexität aufweisen, müssen bei der Mathematisierung Vereinfachungen und Approximationen vorgenommen werden, um die Komplexität zu reduzieren. Unter diesem Blickwinkel verlangt die Frage nach der Zulässigkeit und auch der Stabilität ebenso wie die Konkretisierung der Anforderungen an ein Modell nach einer Antwort. Was soll mir ein Modell überhaupt sagen? Entsprechend unterscheidet man

- qualitative Modelle, aus denen man Einsichten in die qualitative Entwicklung eines Prozesses gewinnen will

und

- quantitative Modelle, aus denen man numerische Werte der Variablen berechnen möchte.

Zu den Modellen der ersten Art zählen häufig solche aus den Wirtschaftswissenschaften (z. B. Preisentwicklungen, Stabilität einer Volkswirtschaft), aus der Ökologie (Stabilität eines ökologischen Kreislaufs), Wettermodelle und so weiter. Quantitative Modelle spielen vor allem in Natur- und Ingenieurwissenschaften eine Rolle.

Will man relevante Modelle entwickeln, muss man sich zunächst über die Orts- und Zeitskalen, in denen der Prozess abläuft, klar werden. So hat es keinen Sinn quantenmechanische Effekte zu berücksichtigen, wenn man die Schaltung der Straßenbeleuchtung in einer Stadt beschreiben will. Hingegen kann das sehr wohl sinnvoll sein, wenn man Schaltvorgänge in einem elektronischen Bauteil modelliert. Bei der Modellreduktion hat man

K.-H. Hoffmann, G. Witterstein, *Mathematische Modellierung*, Mathematik Kompakt,
DOI 10.1007/978-3-0346-0650-9_1, © Springer Basel 2014

die Frage zu beantworten, ob bestimmte Effekte in einem zu modellierenden Ereignis eine gravierende Rolle spielen oder nicht. So werden wohl bei der Modellierung eines Wahlvorganges kaum Temperaturschwankungen am Wahltag eine Rolle spielen, möglicherweise aber doch, wenn man die Wahlbeteiligung im Blick hat.

Weiterhin unterscheidet man Modelle nach dem Typ der auftretenden Variablen:

- diskrete Modelle (Zahl der Partikel, Stabwerke, Verkehrsflüsse, ...)
- Kontinuumsmodelle (Dichte eines Gases, elektrische und magnetische Felder, ...).

Es kommen jedoch auch Modelle vor, in denen kontinuierliche und diskrete Variablen gekoppelt auftreten (Aerosole, Schadstoffmodelle in der Umwelt, ...). Überdies geht man bei der Erarbeitung eines Kontinuummodells häufig von (mikroskopischen) diskreten Modellen aus und vollzieht dann den Übergang zum Kontinuum.

Die folgende Grafik beschreibt einen Modellierungszyklus, der bei der Modellbildung unter Umständen mehrfach durchlaufen werden muss.

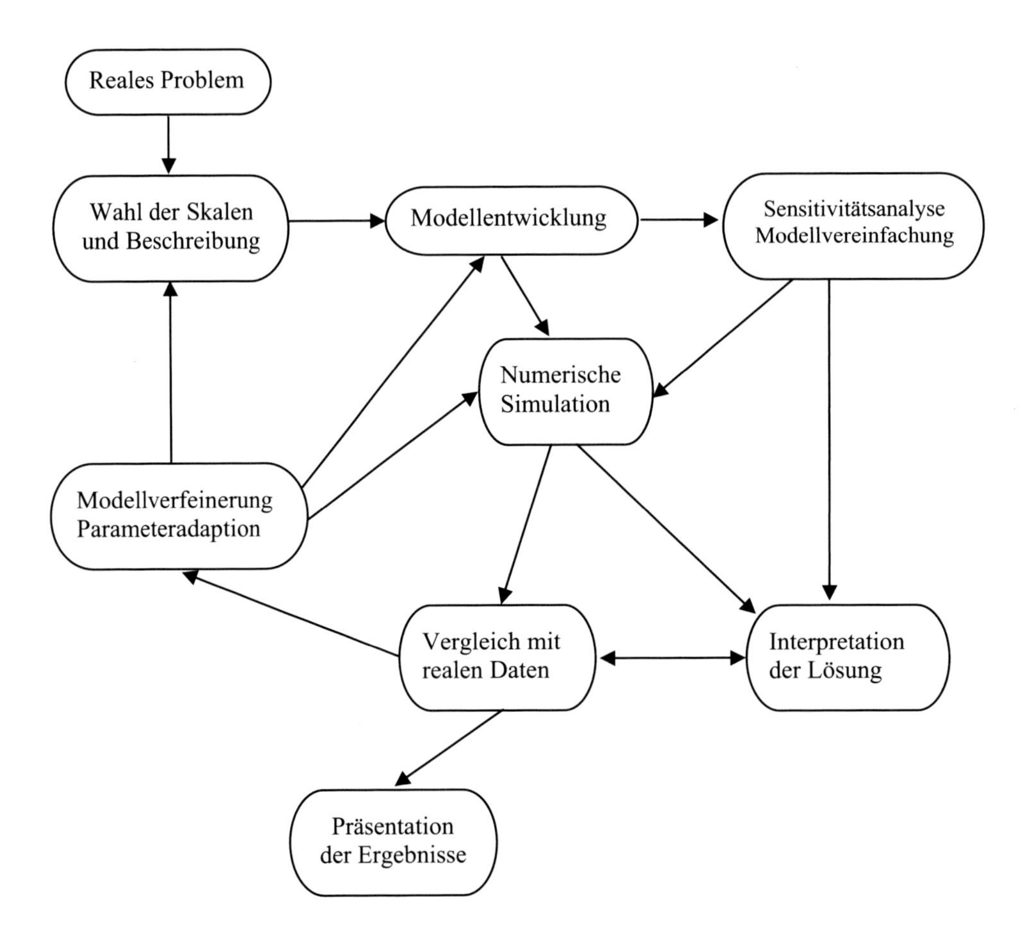

Grundlagen

2

2.1 Dimensionsanalyse

Wir beginnen mit einem Beispiel.

Beispiel 2.1
Ein Körper der Masse m werde von der Erdoberfläche senkrecht in die Höhe geworfen. Wir möchten den Zeitpunkt T^* berechnen, an dem er wieder zur Erdoberfläche zurückkehrt. Der Strömungswiderstand der Atmosphäre wird vernachlässigt und die Erde als Kugel mit dem Radius R betrachtet.

Die Bewegung des Körpers wird durch das Newtonsche Gesetz

$$\text{Kraft} = \text{Masse} \cdot \text{Beschleunigung}$$
$$F = m \cdot a$$

beschrieben, wobei der Körper sich auf einem Strahl bewegt, der vom Erdmittelpunkt ausgeht und durch den Abwurfpunkt verläuft. Der Abstand des Körpers von der Erdoberfläche zur Zeit t^* werde mit $x^*(t^*)$ bezeichnet.

Die Kraft F wird durch das Gravitationsgesetz

$$F = -G\frac{m_E \cdot m}{(x+R)^2}$$

beschrieben, wobei

$$G \approx 6{,}673 \cdot 10^{-11}\,\mathrm{N} \cdot \mathrm{m}^2/\mathrm{kg}^2,$$
$$m_E \approx 5{,}974 \cdot 10^{24}\,\mathrm{kg}$$

die Gravitationskonstante und m_E die Masse der Erde sind. Man definiert

$$g := \frac{Gm_E}{R^2}$$

K.-H. Hoffmann, G. Witterstein, *Mathematische Modellierung*, Mathematik Kompakt,
DOI 10.1007/978-3-0346-0650-9_2, © Springer Basel 2014

als Erdbeschleunigung und erhält

$$g \approx 9{,}807\,\mathrm{m/s^2}.$$

Alle Größen eingesetzt in das Newtonsche Gesetz führen zu der Beziehung

$$\frac{d^2}{dt^{*2}}x^* = -\frac{gR^2}{(x^* + R)^2} \tag{2.1}$$

für die Größe $x^* = x^*(t^*)$. Hinzu kommen die „Anfangsbedingungen“

$$x^*(0) = 0, \qquad \frac{d}{dt^*}x^*(t^*)_{|t^*=0} = v \tag{2.2}$$

mit der Anfangsgeschwindigkeit $v > 0$. Wir suchen den Zeitpunkt T_0^*, für den

$$x^*(T_0^*) = 0 \tag{2.3}$$

gilt. Die Gleichungen (2.1), (2.2), (2.3) beschreiben die Aufgabe vollständig. Dabei sind (2.1), (2.2) eine gewöhnliche Differentialgleichung für die Funktion x^* zusammen mit den Anfangswerten $x^*(0) = 0$ und $(d/dt^*)x^*(t^*)_{|t^*=0} = v$.

Die Beziehungen (2.1), (2.2), (2.3) sind dimensionsbehaftet. Es ist unser generelles Ziel, mathematische Modelle für physikalische Probleme in eine Form zu transformieren, in der die auftretenden Parameter und eventuell auch die Variablen dimensionslos sind.

Vorgehensweise Anfertigung einer Liste aller im Problem auftretenden Variablen und Parameter samt ihrer Dimension.

Beispiel 2.1 (Fortsetzung)

		Dimension
Variable	x^*	L
	t^*	T
Parameter	g	L/T^2
	R	L
	v	L/T

Mit der Bezeichnung der Dimension L für die Länge und T für die Zeit haben wir uns noch nicht auf ein spezielles Maßsystem (MKS[1] bzw. cgs[2]) festgelegt.

Im nächsten Schritt wählen wir für jede Variable x eine intrinsische Referenzgröße x_{ref}. Als Kombination führen wir x/x_{ref} als neue dimensionslose Variable ein.

[1] MKS = MeterKilogrammStunde.

[2] cgs = CentimeterGrammSekunde.

Konsequenz Das transformierte Problem enthält nur noch dimensionslose Größen, die man aus den ursprünglichen berechnen kann.

Beispiel 2.1 (Fortsetzung)
Wir wählen

R charakteristische Länge (intrinsische Referenzgröße für x^*),
R/v charakteristische Zeit (intrinsische Referenzgröße für t^*).

Wir führen also die dimensionslosen Variablen

$$y := \frac{x^*}{R} \quad \text{und} \quad \tau := \frac{t^*}{R/v}$$

ein und erhalten mit dem ebenfalls dimensionslosen Parameter

$$\varepsilon := \frac{v^2}{g \cdot R}$$

das jetzt dimensionslose Problem

$$\varepsilon \frac{d^2}{d\tau^2} y = -\frac{1}{(y+1)^2}, \tag{2.4}$$

$$y(0) = 0, \quad \frac{d}{d\tau} y(\tau)_{|\tau=0} = 1, \tag{2.5}$$

$$y(T_0) = 0. \tag{2.6}$$

Wir gehen jetzt der Frage nach, ob man auf systematischem Wege geeignete intrinsische Größen und dimensionslose Parameter finden kann, um ein vorgegebenes mathematisches Modell zu entdimensionalisieren. Diese Frage lässt sich allgemein mit Ja beantworten. Das **Buckinghamsche Π-Theorem**[3] besagt:

> Vollständige mathematische Modelle physikalischer Probleme können auf dimensionslose Form gebracht werden. Insbesondere können die dimensionslosen Parameter und die intrinsischen Referenzgrößen als Produkte von Potenzen der ursprünglichen Parameter gewählt werden.

Hierbei wird ein vollständiges mathematisches Modell durch eine Menge E, gebildet aus Relationen $(\alpha_1, \ldots, \alpha_N) \in E \subset \mathbb{R}_+^N$, α_i Parameter, beschrieben, für welche eine Funktion $f : E \to \mathbb{R}$ mit

$$f(\alpha_1, \ldots, \alpha_N) = 0$$

existiert. Des Weiteren gelte: Sei $(\alpha_1, \ldots, \alpha_N) \in E$, so folgt $(\lambda_1\alpha_1, \ldots, \lambda_N\alpha_N) \in E$ für $\lambda_i \in \mathbb{R}$, und $f(\lambda_1\alpha_1, \ldots, \lambda_N\alpha_N) = f(\alpha_1, \ldots, \alpha_N) \prod_{k=1}^{N} \lambda_k^{b_k}$ für reelle Zahlen b_k.

---

[3] Buckingham, Edgar, 1867–1940, amerikanischer Physiker. Er beschäftigte sich mit Bodenphysik, Gasdynamik, Akustik, Fluidmechanik und Wärmestrahlung.

Buckinghamsches Π-Theorem 2.2 *Es seien ein vollständiges mathematisches Modell $f : E \to \mathbb{R}$ und ein dazugehöriges System von Grunddimensionen $\{D_1, \dots, D_m\}$ gegeben. Dann existieren $N - \min(N, m) \leq p \leq N - 1$ dimensionslose Paramter $\varepsilon_1, \dots, \varepsilon_p$ und für alle $(\alpha_1, \dots, \alpha_N) \in E$ gilt*

$$f(\alpha_1, \dots, \alpha_N) = \alpha_1^{k_1} \cdots \alpha_N^{k_N} G(\varepsilon_1, \dots, \varepsilon_p) \tag{2.7}$$

mit reellen Zahlen k_i, $i = 1, \dots, N$ und einer Funktion $G : \mathbb{R}^p \to \mathbb{R}$.

Insbesondere ist $G(\varepsilon_1, \dots, \varepsilon_p) = 0$.

Beweis Es sei $(\alpha_1, \dots, \alpha_N) \in E$ beliebig. Dann lässt sich die Dimension von α_i, $i = 1, \dots, N$ durch $D_1^{c_{i1}} \cdot \ldots \cdot D_m^{c_{im}}$ für geeignete c_{ik}, $k = 1, \dots, m$ darstellen. Wir bezeichnen die (N, m)-Matrix (c_{ik}) mit C und deren Rang mit r. Durch Vertauschen von Zeilen und Spalten in C lässt sich eine invertierbare (r, r)-Matrix P finden mit

$$C = \begin{pmatrix} P & R \\ Q & S \end{pmatrix}.$$

Es sei $(b_{kj}) := P^{-1}$, $k, j = 1, \dots, r$. Wir betrachten nun

$$\beta_k := \prod_{j=1}^{r} \alpha_j^{-b_{kj}}, \quad k = 1, \dots, r,$$
$$\beta_k := 1, \qquad k = r + 1, \dots, N.$$

Für $k, j = 1, \dots, r$ ist der Vektor $(\log \beta_k) = -P^{-1}(\log \alpha_j)$ und somit $P(\log \beta_k) = -(\log \alpha_j)$. Damit gilt

$$\alpha_j \prod_{k=1}^{m} \beta_k^{c_{jk}} = 1 \quad \text{für alle } j = 1, \dots, r,$$

und wir können berechnen

$$\begin{aligned} f(\alpha_1, \dots, \alpha_N) &= f\left(\prod_{k=1}^{m} \beta_k^{-c_{1k}}, \dots, \prod_{k=1}^{m} \beta_k^{-c_{rk}}, \alpha_{r+1}, \dots, \alpha_N \right) \\ &= \prod_{k=1}^{m} \beta_k^{b_k} \cdot f\left(1, \dots, 1, \alpha_{r+1} \prod_{k=1}^{m} \beta_k^{c_{r+1,k}}, \dots, \alpha_{r+p} \prod_{k=1}^{m} \beta_k^{c_{r+p,k}} \right) \\ &= \alpha_1^{k_1} \cdots \alpha_r^{k_r} \cdot f(1, \dots, 1, \varepsilon_1, \dots, \varepsilon_p) = \alpha_1^{k_1} \cdots \alpha_r^{k_r} \cdot G(\varepsilon_1, \dots, \varepsilon_p) \end{aligned}$$

mit $p = N - r$, $k_j = -\prod_{k=1}^{r} b_k b_{kj}$, $\varepsilon_i := \prod_{j=1}^{N} \alpha_j^{a_{ij}}$ mit $A := (a_{ij}) = (-QP^{-1}, \mathbb{I}_p)$ ($\mathbb{I}_p$ die (p, p)-Einheitsmatrix) und $G(\varepsilon_1, \dots, \varepsilon_p) = f(1, \dots, 1, \varepsilon_1, \dots, \varepsilon_p)$.

Es bleibt zu zeigen, dass $\varepsilon_1, \ldots, \varepsilon_p$ dimensionslose Parameter sind, das heißt $AC = 0$ gilt. Die Matrizen A und C multipliziert ergibt $AC = (-Q + Q, -QP^{-1}R + S)$. Da der Rang von C identisch r ist, lassen sich die Spalten $\binom{R}{S}$ aus den Spalten $\binom{P}{Q}$ linear kombinieren. Das heißt, es existiert ein B mit $R = PB$ und $S = QB$. Damit gilt aber $AC = 0$.

Des Weiteren sind die p Zeilen von A linear unabhängig, und es ist $p = N - \text{rang}(C)$. Es lässt sich also kein ε_i durch Produktbildung aus den übrigen ε_k, $k \neq i$ darstellen, und es existiert kein zusätzlicher dimensionsloser Parameter $\tilde{\varepsilon}$, welcher als Produkt von Potenzen aus $\{\varepsilon_1, \ldots, \varepsilon_p\}$ darstellbar ist. Wir sagen, $\{\varepsilon_1, \ldots, \varepsilon_p\}$ bildet ein Fundamentalsystem von dimensionslosen Parametern. Damit ist klar, dass die Identität (2.7) bezüglich beliebiger Fundamentalsysteme von dimensionslosen Parametern invariant bleibt. □

Eine ausführlichere Darstellung des Beweises findet man in [7] oder auch in [3].

Wir möchten im Folgenden den obigen Beweisgedanken noch einmal veranschaulichen. Wie geht man vor? Zunächst legt man die Grunddimensionen $\{D_1, D_2, D_3\} = \text{LMT}$[4] (z. B. MKS- oder cgs-System) fest. Es seien α_j $(j = 1, \ldots, N, N \geq 3)$ die dimensionsbehafteten Parameter eines Problems und α eine beliebige Größe des Systems. Das Π-Theorem 2.2 sagt dann aus, dass

$$\alpha = \prod_{j=1}^{N} \alpha_j^{a_j} \tag{2.8}$$

und bezogen auf die Dimensionen[5]

$$[\alpha] = \prod_{j=1}^{N} [\alpha_j]^{a_j} = L^l \cdot M^m \cdot S^t \tag{2.9}$$

gelten müssen. Da wir ein vollständiges mathematisches Modell, welches durch Gleichungen beschrieben wird, betrachten, sind diese Gleichungen bzgl. aller Einheiten richtig. Die Beziehung sagt aus, dass für jeden vorgegebenen Vektor (l, m, t) die Gleichung

$$\prod_{j=1}^{N} L^{l_j a_j} \cdot M^{m_j a_j} \cdot S^{t_j a_j} = L^l \cdot M^m \cdot S^t$$

eine Lösung für die Unbekannten a_j $(j = 1, \ldots, N)$ besitzt; das heißt

$$L^{\sum l_j a_j} \cdot M^{\sum m_j a_j} \cdot S^{\sum t_j a_j} = L^l \cdot M^m \cdot S^t.$$

Der Exponentenvergleich liefert

$$\sum_{j=1}^{N} l_j a_j = l, \quad \sum_{j=1}^{N} m_j a_j = m, \quad \sum_{j=1}^{N} t_j a_j = t. \tag{2.10}$$

---

[4] LMT = LängeMasseZeit.

[5] Mit $[\alpha]$ wird die Dimension einer Größe α bezeichnet.

Das Π-Theorem 2.2 garantiert, dass es für jeden Vektor (l, m, t) eine Lösung a_j $(j = 1, 2, \dots, N)$ des Systems (2.10) gibt. Will man dimensionslose Parameter finden, so betrachtet man das zu (2.10) homogene Gleichungssystem.

Folgerung 2.3 *Die Anzahl p der relevanten dimensionslosen Parameter ist gleich der Dimension des Kerns der Matrix*

$$C = \begin{pmatrix} l_1 \cdots l_N \\ m_1 \cdots m_N \\ t_1 \cdots t_N \end{pmatrix}, \tag{2.11}$$

also $N - 3 \leq p \leq N - 1$.

Zwei linear abhängige Elemente (a_j), (b_j) des Kerns mit $(b_j) = \lambda(a_j)$ führen auf zwei Parameter α und β, die in der Form $\beta = \alpha^\lambda$ verknüpft sind.

Der Übergang zur dimensionslosen Form führt immer auf die Reduktion der Parameter $(p < N)$, es sei denn, alle Parameter sind bereits dimensionslos.

Beispiel 2.1 (Fortsetzung)
Die Matrix C (2.11) hat folgendes Aussehen

$$\begin{array}{c} \\ L \\ M \\ T \end{array} \begin{array}{c} \begin{matrix} g & R & v \end{matrix} \\ \begin{pmatrix} 1 & 1 & 1 \\ 0 & 0 & 0 \\ -2 & 0 & -1 \end{pmatrix} \end{array}.$$

Der Kern der Matrix hat die Dimension 1. Also enthält das dimensionslose Problem nur einen Parameter ε. Dieser wird berechnet aus der Lösung des linearen Gleichungssystems

$$\begin{pmatrix} 1 & 1 & 1 \\ 0 & 0 & 0 \\ -2 & 0 & -1 \end{pmatrix} \begin{pmatrix} a_1 \\ a_2 \\ a_3 \end{pmatrix} = \begin{pmatrix} 0 \\ 0 \\ 0 \end{pmatrix}$$

zu $(a_1, a_2, a_3) = a_1(1, 1, -2)$ mit $a_1 \neq 0$ beliebig.

Der dimensionslose Parameter α in unserem Problem ist dann

$$\alpha = (g^1 \cdot R^1 \cdot v^{-2})^{a_1}, \quad a_1 \neq 0 \text{ beliebig.}$$

In unserem Beispiel haben wir $a_1 = -1$ gewählt. Somit ist

$$\varepsilon := \frac{v^2}{g \cdot R}.$$

Im Zahlenbeispiel mit

$$v = 10\,\mathrm{m/s}, \quad g \approx 10\,\mathrm{m/s^2}, \quad R \approx 10^7\,\mathrm{m}$$

folgt für den Parameter ε die Größenordnung

$$\varepsilon \approx 10^{-6}.$$

Wir suchen jetzt einen Parameter, der dieselbe Dimension wie die Variable x^* hat. In diesem Fall löst man das lineare Gleichungssystem

$$\begin{pmatrix} 1 & 1 & 1 \\ 0 & 0 & 0 \\ -2 & 0 & -1 \end{pmatrix} \begin{pmatrix} a_1 \\ a_2 \\ a_3 \end{pmatrix} = \begin{pmatrix} 1 \\ 0 \\ 0 \end{pmatrix}.$$

Die Lösung ist

$$(a_1, a_2, a_3) = a_1 \left(1, 1 + \frac{1}{a_1}, -2\right).$$

Wählt man wie oben $a_1 = -1$, so folgt für eine intrinsische Referenzgröße für x^*:

$$\alpha_{x^*} = g^{-1} \cdot v^2 = \varepsilon \cdot R.$$

Schließlich suchen wir noch nach einer Referenzgröße für t^*, die die gleiche Dimension hat.

Das Gleichungssystem

$$\begin{pmatrix} 1 & 1 & 1 \\ 0 & 0 & 0 \\ -2 & 0 & -1 \end{pmatrix} \begin{pmatrix} a_1 \\ a_2 \\ a_3 \end{pmatrix} = \begin{pmatrix} 0 \\ 0 \\ 1 \end{pmatrix}$$

hat die Lösungen

$$(a_1, a_2, a_3) = a_1 \left(1, 1 + \frac{1}{a_1}, -2 - \frac{1}{a_1}\right)$$

und bei der Wahl von $a_1 = -1$ erhält man als intrinsische Größe für t^*:

$$\alpha_{t^*} = g^{-1} \cdot v = \varepsilon \cdot R/v.$$

Es folgt nun ein weiteres Beispiel.

Beispiel 2.4

Wir betrachten das mathematische Pendel.

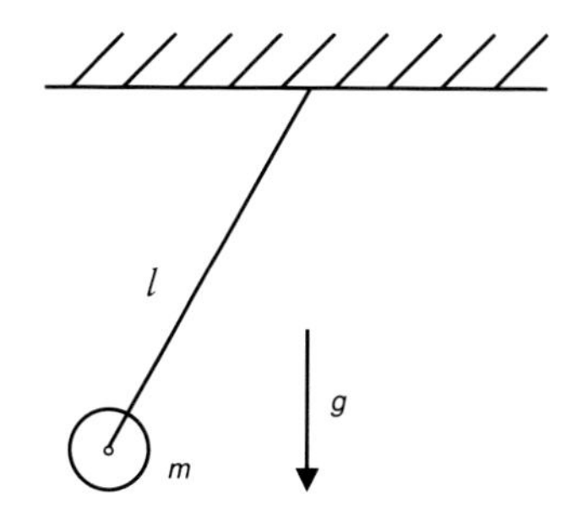

Wir setzen voraus, dass eine Funktion f existiert, sodass $f(m, g, l, \tilde{t}) = 0$ gilt. Im reibungsfreien Fall wollen wir die Schwingungsdauer (Dauer einer Periode $\tilde{t}$) berechnen. Wir machen wieder eine Liste der auftretenden Parameter und ihrer Dimension:

Parameter		Dimension
Masse	m	M
	g	L/T^2
Länge	l	L
Periode	$\tilde{t}$	T

Das Π-Theorem 2.2 sagt aus, dass es Exponenten $a_1, \ldots, a_4$ gibt, sodass

$$m^{a_1} \cdot g^{a_2} \cdot l^{a_3} \cdot \tilde{t}^{a_4} = \Pi$$

dimensionslos ist; das heißt

$$M^{a_1} \cdot \left(\frac{L}{T^2}\right)^{a_2} \cdot L^{a_3} \cdot T^{a_4} = 1$$

oder

$$\begin{pmatrix} 1 & 0 & 0 & 0 \\ 0 & 0 & 0 & 0 \\ 0 & 1 & 1 & 0 \\ 0 & -2 & 0 & 1 \end{pmatrix} \begin{pmatrix} a_1 \\ a_2 \\ a_3 \\ a_4 \end{pmatrix} = \begin{pmatrix} 0 \\ 0 \\ 0 \\ 0 \end{pmatrix}.$$

Die Matrix hat den Rang drei. Also hat der Kern die Dimension 1, und es gibt einen dimensionslosen Parameter. Es ist

$$a_1 = 0,$$

das heißt, die Masse tritt in der gesuchten Formel nicht auf;

$$\begin{aligned} a_2 + a_3 &= 0, \\ -2a_2 + a_4 &= 0. \end{aligned}$$

Wähle a_4 als Parameter. Dann folgt:

$$\begin{aligned} a_2 &= \frac{1}{2} a_4, \\ a_3 &= -\frac{1}{2} a_4. \end{aligned}$$

Folglich ist der Lösungsvektor

$$a_4 \left(0, \frac{1}{2}, -\frac{1}{2}, 1\right).$$

Es ist

$$\varepsilon = g^{\frac{1}{2}} \cdot l^{-\frac{1}{2}} \cdot \tilde{t}$$

dimensionslos. Weiterhin existiert nach Theorem 2.2 ein G mit $G(\varepsilon) = 0$. Somit gilt:

$$g^{\frac{1}{2}} \cdot l^{-\frac{1}{2}} \cdot \tilde{t} = \text{const}.$$

Es gilt also die Formel

$$\tilde{t} = \text{const}\sqrt{\frac{l}{g}}.$$

Aus einem einzigen Experiment kann man die Konstante bestimmen. Für nicht zu große Ausschläge des Pendels erhält man

$$\text{const} = 2\pi.$$

Wir haben damit eine Lösungsformel erhalten, ohne eine Differentialgleichung zu lösen.

Wie wir im letzten Beispiel gesehen haben, gilt

Folgerung 2.5 *Die Referenzgrößen und die dimensionslosen Parameter können ohne Kenntnis des mathematischen Modells allein aus der Liste der Variablen und der Parameter bestimmt werden.*

Wir starteten diesen Abschnitt mit einem Standardbeispiel der Modellbildung (siehe [11], [13]). Weiterführende Darstellungen finden sich auch in den Textbüchern beschrieben von [2] und [9].

2.2 Entdimensionalisierung, Skalierung und Modellvereinfachung

Wir haben im vorangehenden Abschnitt gesehen, dass es verschiedene Möglichkeiten der Entdimensionalisierung und damit der Skalierung gibt. Ziel einer Skalierung ist es unter anderem zu erkennen, welche Größen klein sind und unter Umständen vernachlässigt werden können. Im Beispiel 2.1 hatte die skalierte Differentialgleichung die Form

$$\varepsilon \frac{d^2}{d\tau^2} y = -\frac{1}{(y+1)^2}$$

mit $\varepsilon \approx 10^{-6}$, also $\varepsilon \ll 1$. Trotzdem ist es offensichtlich sinnlos, ε zu vernachlässigen und durch Null zu ersetzen. Wir studieren daher am Beispiel 2.1 noch eine andere Vorgehensweise.

Seien x^*_{ref}, t^*_{ref} noch zu bestimmende Referenzgrößen für x^*, t^*. Wir entdimensionalisieren durch den Ansatz

$$\tau := \frac{t^*}{t^*_{\text{ref}}}, \quad y := \frac{x^*}{x^*_{\text{ref}}},$$

wobei $t^*_{\text{ref}} = t^*_{\text{ref}}(g, R, v)$, $x^*_{\text{ref}} = x^*_{\text{ref}}(g, R, v)$. Für das Anfangswertproblem berechnet man die transformierte Form

$$\frac{x^*_{\text{ref}}}{t^{*2}_{\text{ref}}} \frac{d^2 y}{d\tau^2} = -\frac{g \cdot R^2}{(y \cdot x^*_{\text{ref}} + R)^2}, \quad y(0) = 0, \quad \frac{dy(0)}{d\tau} = \frac{t^*_{\text{ref}}}{x^*_{\text{ref}}} v$$

und folglich

$$\frac{x^*_{\text{ref}}}{t^{*2}_{\text{ref}} g} \frac{d^2 y}{d\tau^2} = -\frac{1}{(y \frac{x^*_{\text{ref}}}{R} + 1)^2}, \quad y(0) = 0, \quad \frac{dy(0)}{d\tau} = \frac{t^*_{\text{ref}}}{x^*_{\text{ref}}} v.$$

Die Referenzgrößen werden jetzt so gewählt, dass möglichst viele der Koeffizienten

$$\frac{x^*_{\text{ref}}}{t^{*2}_{\text{ref}} g}, \quad \frac{x^*_{\text{ref}}}{R}, \quad \frac{t^*_{\text{ref}}}{x^*_{\text{ref}}} v$$

gleich 1 sind.

Es gibt folgende Möglichkeiten:

(a)

$$\frac{x^*_{\text{ref}}}{t^{*2}_{\text{ref}} g} = 1, \quad \frac{x^*_{\text{ref}}}{R} = 1$$

$$\Rightarrow \quad x^*_{\text{ref}} = R, \quad t^*_{\text{ref}} = \sqrt{\frac{R}{g}}$$

$$\Rightarrow \quad y'' = -\frac{1}{(y+1)^2}, \quad y(0) = 0, \quad y'(0) = \frac{v}{\sqrt{Rg}} = \sqrt{\varepsilon}.$$

(b)

$$\frac{x^*_{\text{ref}}}{R} = 1, \quad \frac{t^*_{\text{ref}}}{x^*_{\text{ref}}} v = 1$$

$$\Rightarrow \quad x^*_{\text{ref}} = R, \quad t^*_{\text{ref}} = \frac{R}{v}$$

$$\Rightarrow \quad \underbrace{\frac{v^2}{Rg}}_{=\varepsilon} y'' = -\frac{1}{(y+1)^2}, \quad y(0) = 0, \quad y'(0) = 1.$$

(c)

$$\frac{x^*_{\text{ref}}}{t^{*2}_{\text{ref}} g} = 1, \quad \frac{t^*_{\text{ref}}}{x^*_{\text{ref}}} v = 1$$

$$\Rightarrow \quad x^*_{\text{ref}} = \frac{v^2}{g}, \quad t^*_{\text{ref}} = \frac{v}{g}$$

$$\Rightarrow \quad y'' = -\frac{1}{(\varepsilon y + 1)^2}, \quad y(0) = 0, \quad y'(0) = 1.$$ [6]

[6] $y'' := \frac{d^2}{d\tau^2} y$.

Wir analysieren die einzelnen Fälle für $\varepsilon \ll 1$, also $\varepsilon = 0$:

$$\begin{aligned} \textit{Zu (a):}\quad & y'' = -\frac{1}{(y+1)^2}, \quad y(0) = 0, \quad y'(0) = 0 \\ \Rightarrow \quad & y(\tau) < 0 \quad \forall \tau > 0. \end{aligned}$$

Das ist sinnlos! Der Körper ist wieder am Boden, bevor die Zeitskala bemerkt hat, dass er in der Luft war. Für das Zahlenbeispiel ist

$$x^*_{\text{ref}} = 10^7\,\text{m}, \quad t^*_{\text{ref}} = \sqrt{\frac{R}{g}} \approx 10^3\,\text{s}$$

viel zu groß.

$$\textit{Zu (b):}\quad 0 = -\frac{1}{(y+1)^2}, \quad y(0) = 0, \quad y'(0) = 1$$

hat keine Lösung. Die Skalen

$$x^*_{\text{ref}} = 10^7\,\text{m}, \quad t^*_{\text{ref}} = 10^6\,\text{s}$$

sind wieder viel zu groß.

$$\begin{aligned} \textit{Zu (c):}\quad & y'' = -1, \quad y(0) = 0, \quad y'(0) = 1 \\ \Rightarrow \quad & y(\tau) = \tau - \frac{1}{2}\tau^2 \end{aligned}$$

oder

$$\begin{aligned} x^*(t^*) &= y(\tau)\cdot x^*_{\text{ref}} = y(\tau)\cdot v \cdot t^*_{\text{ref}} = y(\tau)\frac{v^2}{g} \\ &= \left(\tau - \frac{1}{2}\tau^2\right)\frac{v^2}{g} = \left(\frac{g}{v}t^* - \frac{1}{2}\frac{g^2}{v^2}t^{*2}\right)\frac{v^2}{g} \\ &= vt^* - \frac{1}{2}gt^{*2}. \end{aligned}$$

Nach $T^*_0 = (2v/g)\,\text{s}$ wird der Boden wieder erreicht. (In nullter Näherung.) Die maximale Höhe wird nach $T^*_{\max} = (v/g)\,\text{s}$ erreicht. In unserem Zahlenbeispiel sind

$$T^*_0 = 2\,\text{s}, \quad T^*_{\max} = 1\,\text{s}$$

und die maximale Höhe $x^*_{\max} = \frac{1}{2}\frac{v^2}{g}$, also 5 m.

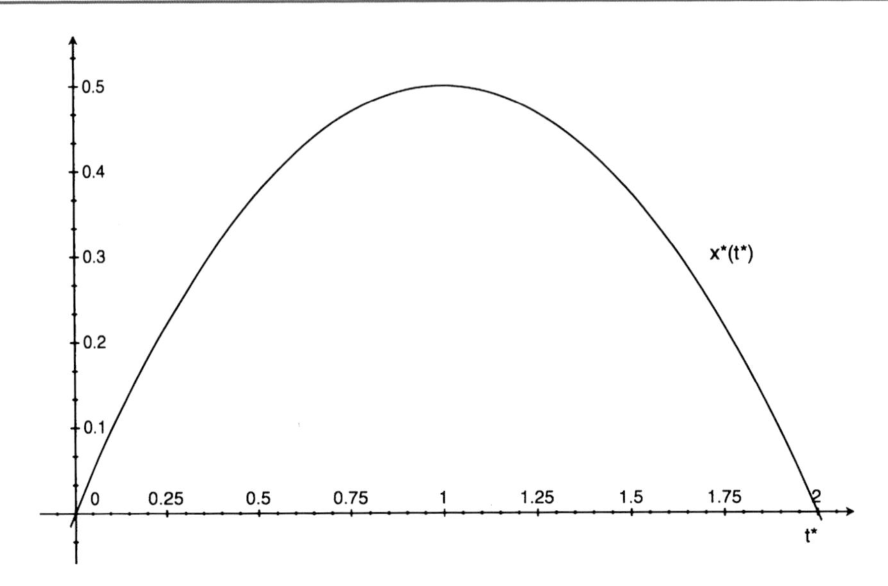

Diese Lösung ist eine gute Näherung, wenn $\varepsilon \ll 1$ und $x^* / \frac{v^2}{g} \approx 1$ ist. Das ist der Fall! Die Skalen

$$t^*_{\text{ref}} = \frac{v}{g} \quad \text{und} \quad x^*_{\text{ref}} = \frac{v^2}{g}$$

sind gut gewählt.

Die hier behandelten Fälle sind natürlich auch durch die geeignete Wahl der freien Parameter im Π-Theorem 2.2 zu erhalten.

2.3 Formal asymptotische Entwicklung, Mehrskalen

Zur Lösung des Problems

$$y'' = -\frac{1}{(\varepsilon y + 1)^2}, \quad y(0) = 0, \quad y'(0) = 1 \tag{2.12}$$

hatten wir wegen $\varepsilon \ll 1$ mit $\varepsilon = 0$ die Lösung berechnet und sie als nullte Näherung bezeichnet. Wir wollen jetzt diese Näherung verbessern. Dazu machen wir einen formalen Reihenansatz für y in der Form

$$y(\tau) = y_0(\tau) + \varepsilon^{\alpha} y_1(\tau) + \varepsilon^{2\alpha} y_2(\tau) + \cdots, \quad \alpha > 0^7, \tag{2.13}$$

und nehmen an, dass (2.13) gliedweise differenzierbar ist.

[7] Das ist die allgemeine Form für eine formal asymptotische Entwicklung mit α beliebig. Im weiteren Verlauf dieses Kapitels betrachten wir immer $\alpha = 1$.

Wir führen im Folgenden nur eine formale Betrachtung durch und erhalten mit diesem Vorgehen eine Vermutung. Abschnitt 2.6 liefert eine präzise und rigorose Begründung, welche diesen formalen Ansatz rechtfertigt und die Vermutung verifiziert. Ein ähnliches Vorgehen ist in der Modellbildung Standard und wird in zahlreichen Textbüchern beschrieben, siehe [2], [9], [11] und [13].

Das Einsetzen von (2.13) in die Differentialgleichung und die Anfangsbedingungen ergibt:

$$y_0''(\tau) + \varepsilon^\alpha y_1''(\tau) + \varepsilon^{2\alpha} y_2''(\tau) + \cdots = -\frac{1}{(\varepsilon(y_0 + \varepsilon^\alpha y_1 + \varepsilon^{2\alpha} y_2 + \cdots) + 1)^2} \tag{2.14}$$

mit den Anfangsbedingungen (für $\alpha = 1$)

$$\begin{aligned} y_0(0) + \varepsilon y_1(0) + \varepsilon^2 y_2(0) + \cdots &= 0, \\ y_0'(0) + \varepsilon y_1'(0) + \varepsilon^2 y_2'(0) + \cdots &= 1. \end{aligned} \tag{2.15}$$

Für die rechte Seite von (2.14) (für $\alpha = 1$) machen wir eine Taylorentwicklung um $\varepsilon = 0$:

$$-(1 + \varepsilon y_0 + \varepsilon^2 y_1 + \varepsilon^3 y_2 + \cdots)^{-2} = -1 + \varepsilon 2 y_0 + \varepsilon^2 (2y_1 - 3y_0^2) + \cdots \tag{2.16}$$

und führen einen Koeffizientenvergleich durch (hierbei betrachten wir (2.14) für $\alpha = 1$):

$$\left.\begin{array}{lll} y_0'' = -1, & y_0(0) = 0, & y_0'(0) = 1, \\ y_1'' = 2y_0, & y_1(0) = 0, & y_1'(0) = 0, \\ y_2'' = 2y_1 - 3y_0^2, & y_2(0) = 0, & y_2'(0) = 0. \\ \vdots & \vdots & \vdots \end{array}\right\} \tag{2.17}$$

Das erste Anfangswertproblem haben wir bereits gelöst:

$$y_0(\tau) = \tau - \frac{1}{2}\tau^2.$$

Dann folgen für $y_1(\tau)$ und $y_2(\tau)$:

$$y_1(\tau) = \frac{\tau^3}{3}\left(1 - \frac{1}{4}\tau\right)$$

und

$$y_2(\tau) = -\frac{\tau^4}{4}\left(1 - \frac{11}{15}\tau + \frac{11}{90}\tau^2\right).$$

Für die Lösung y von (2.12) ergibt sich die asymptotische Entwicklung

$$y(\tau) = \tau - \frac{1}{2}\tau^2 + \varepsilon\frac{\tau^3}{3}\left(1 - \frac{1}{4}\tau\right) - \varepsilon^2\frac{\tau^4}{4}\left(1 - \frac{11}{15}\tau + \frac{11}{90}\tau^2\right) + \cdots. \tag{2.18}$$

Das ist eine für die Anwendungen ausreichende Approximation für die Lösung von (2.12), ohne dass wir eine Aussage über die Konvergenz von (2.18) gemacht haben.

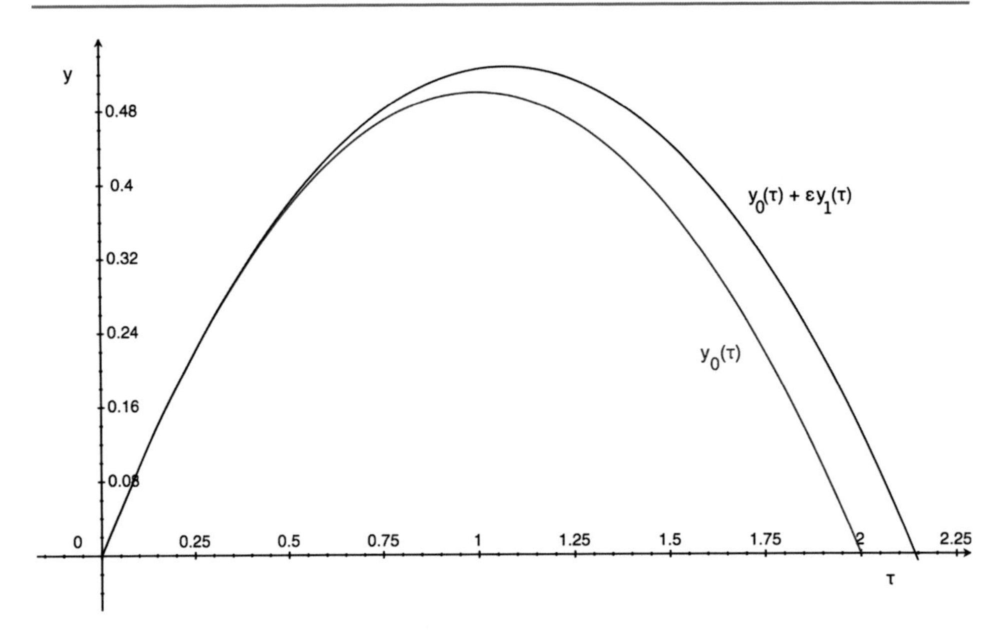

Wir führen den Begriff der asymptotischen Entwicklung jetzt in allgemeinerer Form ein. Dazu verwenden wir die Definition der Landauschen Ordnungssymbole:

Definition 2.6
Es seien $\varepsilon_0 > 0$ und zwei Funktionen $f(\varepsilon)$ und $g(\varepsilon)$ für $\varepsilon \in (0, \varepsilon_0]$ gegeben. Man definiert:

(a) $f(\varepsilon) = O(g(\varepsilon)) :\Leftrightarrow \exists K > 0\ \forall \varepsilon \in (0, \varepsilon_0]: |f(\varepsilon)| \le K|g(\varepsilon)|$,
(b) $f(\varepsilon) = o(g(\varepsilon)) :\Leftrightarrow \lim_{\varepsilon \to 0} \frac{|f(\varepsilon)|}{|g(\varepsilon)|} = 0$
(c) $f(\varepsilon) = O_s(g(\varepsilon)) :\Leftrightarrow f(\varepsilon) = O(g(\varepsilon))$ und $g(\varepsilon) = O(f(\varepsilon))$

jeweils für $\varepsilon \to 0$.

Mit dieser Bezeichnung schreiben wir (2.18) in der Form:

$$y(\tau) = \tau - \frac{1}{2}\tau^2 + \varepsilon\frac{\tau^3}{3}\left(1 - \frac{1}{4}\tau\right) - \varepsilon^2\frac{\tau^4}{4}\left(1 - \frac{11}{15}\tau + \frac{11}{90}\tau^2\right) + O(\varepsilon^3).$$

Definition 2.7
Es sei $\varepsilon_0 > 0$. Seien $u_\varepsilon, v_\varepsilon \in (B, \|.\|)$ für jedes $\varepsilon \in (0, \varepsilon_0]$ Elemente des Banachraumes $(B, \|.\|)$. Dann heißt u_ε und v_ε asymptotisch äquivalent für $\varepsilon \to 0$, wenn

$$\|u_\varepsilon - v_\varepsilon\| = o(\|u_\varepsilon\|) \quad \text{für } \varepsilon \to 0$$

gilt. In diesem Fall heißt v_ε eine asymptotische Näherung für u_ε, und wir schreiben $v_\varepsilon \sim u_\varepsilon$.

Beispiel 2.8
Sei $B = \mathbb{R}$.

(a) $3 + \varepsilon \sim 3 - \varepsilon^2$; denn $|3 + \varepsilon - 3 + \varepsilon^2| = |\varepsilon(1+\varepsilon)| = o(|3+\varepsilon|)$ für $\varepsilon \to 0$.
(b) $\frac{1}{\varepsilon} \sim \frac{1}{\varepsilon} + 1$; denn $|\frac{1}{\varepsilon} - \frac{1}{\varepsilon} - 1| = 1 = o(|\frac{1}{\varepsilon}|)$ für $\varepsilon \to 0$.
(c) $(1+\sqrt{\varepsilon}) \sin\frac{1}{\varepsilon} \sim \sin\frac{1}{\varepsilon}$; denn $|(1+\sqrt{\varepsilon})\sin\frac{1}{\varepsilon} - \sin\frac{1}{\varepsilon}| = |\sqrt{\varepsilon}\sin\frac{1}{\varepsilon}| = o(\sin\frac{1}{\varepsilon})$ für $\varepsilon \to 0$.

Aber:

(d) $\sin\frac{1+\varepsilon\pi}{\varepsilon} \nsim \sin\frac{1}{\varepsilon}$; denn $\frac{|\sin\frac{1+\varepsilon\pi}{\varepsilon} - \sin\frac{1}{\varepsilon}|}{|\sin\frac{1+\varepsilon\pi}{\varepsilon}|} = |1 - \frac{\sin\frac{1}{\varepsilon}}{\sin\frac{1+\varepsilon\pi}{\varepsilon}}| = 2$,[8]
damit gilt $|\sin\frac{1+\varepsilon\pi}{\varepsilon} - \sin\frac{1}{\varepsilon}| \neq o(|\sin\frac{1+\varepsilon\pi}{\varepsilon}|)$.

Ob zwei Elemente asymptotisch äquivalent sind, hängt von der Wahl des Banachraumes $(B, \|.\|)$ ab.

Beispiel 2.9
Betrachte $u_\varepsilon : [0,1] \longrightarrow \mathbb{R}$, $u_\varepsilon(x) = e^{-\frac{x}{\varepsilon}} + x$.

$$\Rightarrow \quad \forall\, x > 0:\ \lim_{\varepsilon\to 0} u_\varepsilon(x) = u_0(x) = x.$$

Wahl des Banachraumes $(B, \|.\|)$ als $(C[0,1], \|.\|_\infty)$ mit

$$\|u\|_\infty = \max_{x\in[0,1]} |u(x)|.$$

$$\Rightarrow \quad \|u_\varepsilon - u_0\|_\infty = \max_{x\in[0,1]} e^{-\frac{x}{\varepsilon}} = e^0 \cdot \underbrace{\max_{x\in[0,1]} |u_0(x)|}_{=1} = e^0;$$

das heißt $u_0 \nsim u_\varepsilon$.
Andererseits, wenn $(B, \|.\|) = (L^p[0,1], \|.\|_p)$ gewählt wurde, gilt

$$\|u_\varepsilon - u_0\|_p = \left(\int_0^1 (e^{-\frac{x}{\varepsilon}})^p dx\right)^{\frac{1}{p}} = \left(\frac{\varepsilon}{p}(1 - e^{-\frac{xp}{\varepsilon}})\right)^{\frac{1}{p}} = o(\|u_0\|_p)$$

und somit $u_0 \sim u_\varepsilon$.

Ausgehend von Definition 2.7 legen wir fest:

Definition 2.10
Seien $(B, \|.\|)$ ein Banachraum und $u_k \in B$. Es gelte $\|u_k\| = O(1)$ für $k = 1, 2, \ldots$. Dann heißt die formale Reihe

$$\sum_{k=0}^{\infty} u_k \varepsilon^k$$

asymptotische Entwicklung nach Potenzen von ε für ein u_ε, wenn

$$\left\| u_\varepsilon - \sum_{k=0}^{n} u_k \varepsilon^k \right\| = o(\varepsilon^n) \tag{2.19}$$

[8] Denn es ist: $\frac{\sin\frac{1}{\varepsilon}}{\sin\frac{1+\varepsilon\pi}{\varepsilon}} = \frac{\sin\frac{1}{\varepsilon}}{\sin(\frac{1}{\varepsilon}+\pi)} = \frac{\sin\frac{1}{\varepsilon}}{\sin\frac{1}{\varepsilon}\cos\pi} = -1$.

für $n = 0, 1, 2, \ldots$ gilt. Wir schreiben dann

$$u_\varepsilon \sim \sum_{k=0}^{\infty} u_k \varepsilon^k.$$

Gilt (2.19) nur für $k = 0, 1, \ldots, N$, so heißt $\sum_{k=0}^{N} u_k \varepsilon^k$ eine asymptotische Entwicklung der Ordnung N.

▶ **Bezeichnung 2.11** Besteht über die verwendete Norm Klarheit, so schreiben wir anstatt $\|u_\varepsilon - v_\varepsilon\| = O(f(\varepsilon))$ auch

$$u_\varepsilon = v_\varepsilon + O(f(\varepsilon)).$$

Das gilt analog für o und O_s.

▶ **Anmerkung 2.12** Besitzt u_ε Ableitungen nach ε bis zur Ordnung $N + 1$ und sind diese in einer Umgebung von $\varepsilon = 0$ beschränkt, so hat u_ε eine asymptotische Entwicklung der Ordnung N und die Koeffizienten

$$u_k = \frac{1}{k!} \frac{d^k u_\varepsilon}{d\varepsilon^k}\bigg|_{\varepsilon=0}$$

sind unabhängig von ε.

Wenden wir diese Aussage auf unser Modellproblem

$$y'' = -\frac{1}{(\varepsilon y + 1)^2}, \quad y(0) = 0, \quad y'(0) = 1$$

an, so folgt

$$y_\varepsilon(\tau) = y_\varepsilon(\tau)\big|_{\varepsilon=0} + \frac{d y_\varepsilon(\tau)}{d\varepsilon}\bigg|_{\varepsilon=0} \varepsilon + \frac{1}{2!} \frac{d^2 y_\varepsilon(\tau)}{d\varepsilon^2}\bigg|_{\varepsilon=0} \varepsilon^2 + O(\varepsilon^3).$$

Wegen der Unabhängigkeit der Variablen τ von der Störung ε kann man die Ableitung von y_ε nach ε aus der Differentialgleichung und den Anfangsbedingungen berechnen:

$$\begin{aligned}
y_\varepsilon(\tau)\big|_{\varepsilon=0}: \quad & y_\varepsilon''(\tau)\big|_{\varepsilon=0} = -1, \; y_\varepsilon'(0)\big|_{\varepsilon=0} = 1, \; y_\varepsilon(0)\big|_{\varepsilon=0} = 0 \\
& \Rightarrow \; y_\varepsilon(\tau)\big|_{\varepsilon=0} = \tau - \frac{1}{2}\tau^2; \\
\frac{d y_\varepsilon(\tau)}{d\varepsilon}\bigg|_{\varepsilon=0}: \quad & \left(\frac{d y_\varepsilon(\tau)}{d\varepsilon}\bigg|_{\varepsilon=0}\right)'' = \frac{d}{d\varepsilon} y_\varepsilon''(\tau)\bigg|_{\varepsilon=0} = \frac{2(y_\varepsilon(\tau) + \varepsilon \frac{d}{d\varepsilon} y_\varepsilon(\tau))}{(\varepsilon y_\varepsilon(\tau) + 1)^3}\bigg|_{\varepsilon=0} = 2 y_\varepsilon(\tau)\big|_{\varepsilon=0}{}^{[9]} \\
& \Rightarrow \left(\frac{d y_\varepsilon(\tau)}{d\varepsilon}\bigg|_{\varepsilon=0}\right)'' = 2\tau - \tau^2 \; \Rightarrow \; \frac{d y_\varepsilon(\tau)}{d\varepsilon}\bigg|_{\varepsilon=0} = \frac{1}{3}\tau^3 - \frac{1}{12}\tau^4;
\end{aligned}$$

[9] Die Beschränktheit von $d y_\varepsilon / d\varepsilon$ in einer Umgebung von $\varepsilon = 0$ folgt hier iterativ aus der Theorie „Gewöhnlicher Differentialgleichungen".

$$\left.\frac{d^2 y_\varepsilon(\tau)}{d\varepsilon^2}\right|_{\varepsilon=0}: \quad \left(\left.\frac{d^2 y_\varepsilon(\tau)}{d\varepsilon^2}\right|_{\varepsilon=0}\right)'' = \left[\frac{4\frac{d}{d\varepsilon}y_\varepsilon(\tau) + 2\varepsilon\frac{d^2}{d\varepsilon^2}y_\varepsilon(\tau)}{(\varepsilon y_\varepsilon(\tau)+1)^3} - \frac{6(y_\varepsilon(\tau) + \varepsilon\frac{d}{d\varepsilon}y_\varepsilon(\tau))^2}{(\varepsilon y_\varepsilon(\tau)+1)^4}\right]\Bigg|_{\varepsilon=0}$$

$$\Rightarrow \left(\left.\frac{d^2 y_\varepsilon(\tau)}{d\varepsilon^2}\right|_{\varepsilon=0}\right)'' = 4\left.\frac{d}{d\varepsilon}y_\varepsilon(\tau)\right|_{\varepsilon=0} - \left.6y_\varepsilon^2\right|_{\varepsilon=0} = -6\tau^2 + \frac{22}{3}\tau^3 - \frac{11}{6}\tau^4$$

$$\Rightarrow \left.\frac{d^2 y_\varepsilon(\tau)}{d\varepsilon^2}\right|_{\varepsilon=0} = -\frac{1}{2}\tau^4\left(1 - \frac{11}{15}\tau + \frac{11}{90}\tau^2\right).$$

Damit folgt:

$$y(\tau) = \tau - \frac{1}{2}\tau^2 + \frac{\tau^3}{3}\left(1 - \frac{1}{4}\tau\right)\varepsilon - \frac{\tau^4}{4}\left(1 - \frac{11}{15}\tau + \frac{11}{90}\tau^2\right)\varepsilon^2 + O(\varepsilon^3).$$

Die Überlegungen zur asymptotischen Entwicklung von y_ε waren somit gerechtfertigt.

▶ **Anmerkung 2.13** Der Unterschied zwischen asymptotischer Entwicklung und Taylorentwicklung ist folgender:

Asymptotische Entwicklung: Bei fester Ordnung N interessiert der Grenzübergang $\varepsilon \to 0$.
Taylorentwicklung: Bei festem ε interessiert die Konvergenz der Reihe $N \to \infty$.

Wir wollen ein weiteres Beispiel studieren, bei dem ein neues Phänomen auftritt. Zunächst leiten wir die Gleichungen für ein angeregtes System gedämpfter Schwingungen her.

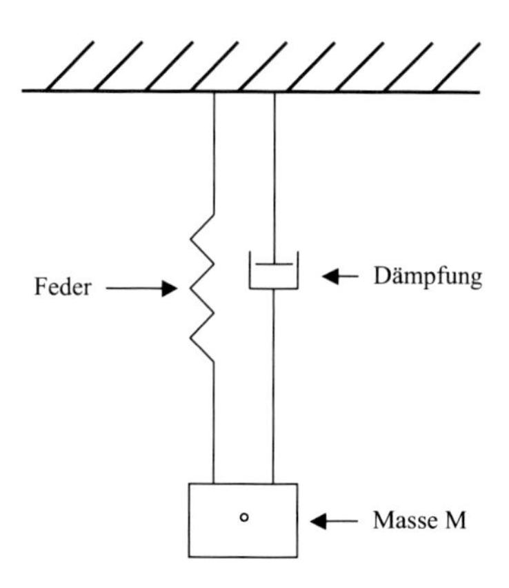

Es seien M das Gewicht der Masse, $x(t)$ die Auslenkung der Masse aus der Ruhelage und ω_0 die Anregungsfrequenz der Schwingung. Nach dem Newtonschen Gesetz gilt dann:

$$M\frac{d^2x}{dt^2} = \text{Rückstellkraft der Feder} + \text{Dämpfungskraft} + \text{Anregungskraft}.$$

Für kleine Auslenkungen $x \ll 1$ gilt nach dem Hookeschen Gesetz, dass die Rückstellkraft der Feder gleich $-k \cdot x$ ist, wobei k die Federkonstante bezeichnet. Für die Dämpfungskraft nehmen wir an, dass sie proportional zur Geschwindigkeit der vertikalen Auslenkung, also $-r\,dx/dt$ mit $r > 0$, ist. Die Auslenkung der Masse M durch die Anregung zur Zeit t ist $R \sin \omega_0 t$, und damit gilt entsprechend dem Newtonschen Gesetz für die Anregungskraft F_A:

$$M \frac{d^2}{dt^2}(R \sin \omega_0 t) = -M \cdot R\omega_0^2 \sin \omega_0 t =: F_A .$$

R ist dabei die Amplitude der Anregung.

Das liefert die Bewegungsgleichung für die Masse M:

$$M \frac{d^2}{dt^2} x = -kx - rx' - MR\omega_0^2 \sin \omega_0 t$$

oder

$$x'' + 2\rho x' + \omega^2 x = -\gamma \omega_0^2 \sin \omega_0 t \tag{2.20}$$

mit

$$2\rho := \frac{r}{M}, \quad \omega^2 := \frac{k}{M}, \quad \gamma := R.$$

Zur Entdimensionalisierung skalieren wir durch

$$\tau := \frac{t}{1/\omega} = \omega t, \quad y(\tau) := \frac{x(t)}{\gamma\, \omega_0^2/\omega^2} = \frac{\omega^2}{\gamma\, \omega_0^2} x(t)$$

und führen die Konstante (dimensionsloser Parameter)[10]

$$\varepsilon := \frac{2\rho}{\omega} > 0$$

[10] Die in (2.20) auftretenden Parameter sind

Parameter	Dimension
2ρ	$1/T$
ω	$1/T$
ω_0	$1/T$
γ	L

Man löst

$$\begin{matrix} & 2\rho & \omega & \omega_0 & \gamma \\ T \\ L \end{matrix} \quad \begin{pmatrix} -1 & -1 & -1 & 0 \\ 0 & 0 & 0 & 1 \end{pmatrix} \begin{pmatrix} a_1 \\ a_2 \\ a_3 \\ a_4 \end{pmatrix} = \begin{pmatrix} 0 \\ 0 \end{pmatrix},$$

dann erhält man als dimensionslose Parameter $\varepsilon = \frac{2\rho}{\omega}$ und $\varepsilon_2 = \frac{\omega}{\omega_0}$.

Die intrinsischen Größen werden auf die gleiche Weise bestimmt.

ein. Damit erhalten wir das entdimensionalisierte Anfangswertproblem

$$y''(\tau) + \varepsilon y'(\tau) + y(\tau) + \sin\left(\frac{\omega_0}{\omega}\tau\right) = 0, \quad y(0) = y'(0) = 0. \tag{2.21}$$

Dieses Problem kann man explizit lösen, was wir hier nicht tun wollen. Wir interessieren uns vielmehr für die homogene Gleichung

$$y'' + \varepsilon y' + y = 0 \tag{2.22}$$

mit den Anfangsbedingungen

$$y(0) = \overline{y}, \quad y'(0) = 0. \tag{2.23}$$

Die Gleichungen (2.22) und (2.23) haben eine eindeutig bestimmte Lösung, die für $\tau \to \infty$ gegen Null geht.

Wir ändern jetzt die Gleichung (2.22) in

$$y'' + y = \varepsilon(1 - y^2)y' \tag{2.24}$$

unter den gleichen Anfangsbedingungen (2.23) und fragen nach dem Verhalten der Lösung für $\tau \to \infty$. Die Gleichung (2.24) beschreibt eine Schwingung, die für $y^2 > 1$ gedämpft und für $y^2 < 1$ angeregt wird. Es handelt sich um ein selbsterregtes (nichtlineares) System, für das man keine geschlossene Lösung angeben kann. Die Gleichung (2.24) heißt *Van-der-Pol-Gleichung*[11], die wir jetzt für $\varepsilon \ll 1$ studieren wollen. Die Van-der-Pol-Gleichung lässt sich als (kleine) Störung der harmonischen Schwingungsgleichung ($\varepsilon = 0$)

$$y'' + y = 0, \quad y(0) = \overline{y}, \quad y'(0) = 0 \tag{2.25}$$

betrachten.

Wir versuchen nun eine asymptotische Entwicklung der Van-der-Pol-Gleichung (2.24) nach Potenzen von ε der Form

$$y_\varepsilon(\tau) = \sum_{k=0}^{N} \varepsilon^k y_k(\tau) + O(\varepsilon^{N+1}).$$

Die „*nullte Näherung*" ($N = 0$) liefert das Anfangswertproblem

$$y_0'' + y_0 = 0, \quad y_0(0) = \overline{y}, \quad y_0'(0) = 0$$

mit der Lösung

$$y_0(\tau) = \overline{y}\cos\tau$$

der harmonischen Schwingung.

---

[11] Van der Pol, Balthasar, 1889–1959, niederländischer Elektroingenieur und Physiker. Grundlegende Arbeiten zum deterministischen Chaos.

Für die *„erste Näherung"* ($N = 1$) erhält man aus dem Koeffizientenvergleich die Differentialgleichung

$$\begin{aligned} y_1'' + y_1 = (1 - y_0^2) y_0' &= -\overline{y} \sin\tau + \overline{y} \sin\tau \cdot \overline{y}^2 \cos^2\tau \\ &= \overline{y}(\overline{y}^2 - 1) \sin\tau - \overline{y}^3 \sin^3\tau \\ &= \overline{y}(\overline{y}^2 - 1) \sin\tau - \overline{y}^3 \left(-\frac{1}{4} \sin(3\tau) + \frac{3}{4} \sin\tau \right) \\ &= \overline{y} \left(\frac{\overline{y}^2}{4} - 1 \right) \sin\tau + \frac{\overline{y}^3}{4} \sin 3\tau \end{aligned}$$

und die Anfangsdaten $y_1(0) = 0$, $y_1'(0) = 0$. Der erste Summand in der von außen aufgeprägten Kraft (rechte Seite der Differentialgleichung) hat die gleiche Frequenz wie die harmonische Schwingung und erzeugt damit Resonanz. Folglich ist die Lösung

$$y_1(\tau) = \frac{\overline{y}}{2} \left(1 - \frac{\overline{y}^2}{4} \right) (\tau \cos\tau - \sin\tau) + \frac{\overline{y}^3}{32} (3 \sin\tau - \sin 3\tau) \tag{2.26}$$

auf $[0, \infty)$ nicht beschränkt.

Für das Residuum[12] der „nullten Näherung" folgt

$$\varepsilon(1 - y_0^2)\, y_0' = -\varepsilon(1 - \overline{y}^2 \cos^2\tau)\overline{y} \cdot \sin\tau = O(\varepsilon)$$

gleichmäßig auf $[0, \infty)$.

Für das Residuum der „ersten Näherung" $y_0 + \varepsilon y_1$ folgt zwar punktweise Konvergenz auf $[0, \infty)$, aber nicht mehr gleichmäßige Konvergenz.[13] Die asymptotische Entwicklung zur Verbesserung der Näherungslösung versagt. Man kann also nicht mehr von einer Näherung auf $[0, \infty)$ sprechen. Auf einem endlichen Intervall hingegen ist alles korrekt.

Was geht hier bei der Approximation des Langzeitverhaltens der Van-der-Pol-Gleichung schief?

Wir betrachten zunächst zwei einfachere Beispiele.

Beispiel 2.14
Das Anfangswertproblem

$$y'' + y = \varepsilon y, \quad y(0) = \overline{y}, \quad y'(0) = 0$$

hat die Lösung

$$y(\tau) = \overline{y} \cos(\sqrt{1 - \varepsilon}\, \tau). \tag{2.27}$$

[12] Das heißt, wir setzen die nullte Näherung y_0 in die Van-der-Pol-Gleichung (2.24) ein. Dann ist die linke Seite identisch 0 und auf der rechten Seite verbleibt $\varepsilon(1 - y_0^2)\, y_0'$, da y_0 ja keine exakte Lösung von (2.24) ist. Wir prüfen nun, wie sich dieser verbleibende Term für $\varepsilon \to 0$ verhält.

Für die genaue Definition des Residuum siehe Definition 2.16.

[13] Das liegt am $\tau \cos\tau$-Term in y_1 und an der Tatsache, dass wir ein unendliches Intervall $[0, \infty)$ betrachten. Auf einem endlichen Intervall $[0, T]$ würde die gleichmäßige Konvergenz erhalten bleiben.

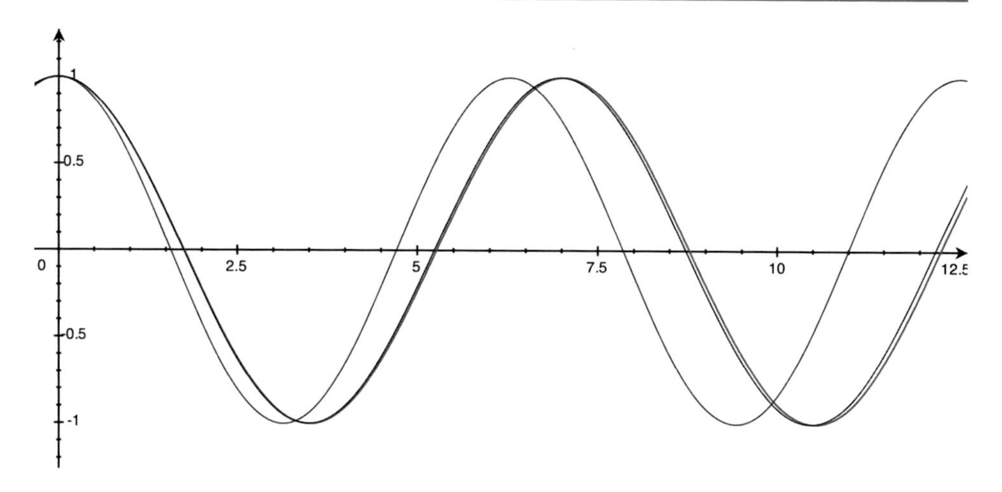

Abb. 2.1 Die *blaue Kurve* stellt die exakte Lösung (2.27) dar, die *hellblaue Kurve* Lösung (2.28) und die *schwarze* (2.29). Hierbei haben wir $\overline{y} = 1$ und $\varepsilon = 0{,}2$ gewählt. Es ist deutlich zu sehen, dass (2.29) wesentlich länger eine „gute" Approximation der exakten Lösung ist als (2.28)

Die nullte Näherung y_0 der asymptotischen Entwicklung lautet

$$y_0(\tau) = \overline{y}\cos\tau. \tag{2.28}$$

Wegen der unterschiedlichen Frequenzen wird eine deutliche Verschiebung von $y(\tau)$ gegenüber $y_0(\tau)$ für große τ eintreten. Die Lösungen (2.27) und (2.28) haben nichts mehr miteinander zu tun. Durch Taylorentwicklung der Frequenz

$$\sqrt{1-\varepsilon} = 1 - \frac{\varepsilon}{2} + O(\varepsilon^2)$$

und Einsetzen in (2.27) ergibt eine weitere Näherung

$$y_0(\tau) = \overline{y}\cos\left(\tau - \frac{\varepsilon\tau}{2}\right) \tag{2.29}$$

für die Lösung der Differentialgleichung.

Bei einer genaueren Analyse der Gleichungen (2.28) und (2.29) ergibt sich, dass (2.28) die Lösung (2.27) approximiert, solange

$$\tau = o(\varepsilon^{-1})$$

ist, und (2.29), solange

$$\tau = o(\varepsilon^{-2})$$

ist.

Durch (2.29) wird also der Approximationsbereich vergrößert. Die Methode der asymptotischen Entwicklung hingegen vergrößert den Approximationsbereich nicht (vgl. Abb. 2.1)!

Beispiel 2.15
Das Anfangswertproblem

$$y'' + y = -2\varepsilon y', \quad y(0) = \overline{y}, \quad y'(0) = 0$$

hat die Lösung

$$y(\tau) = \overline{y}e^{-\varepsilon\tau}\cos(\sqrt{1-\varepsilon^2}\,\tau). \tag{2.30}$$

Die nullte Näherung

$$y_0(\tau) = \overline{y}\cos\tau$$

unterscheidet sich in der Frequenz *und* der Amplitude von (2.30). Die nullte Näherung ist eine periodische Funktion, während (2.30) gegen Null geht für $\tau \to \infty$.

Woran liegt das Versagen der formal asymptotischen Entwicklung?

Die Vorgänge laufen auf unterschiedlichen Zeitskalen ab. Eine einfache Skalierung kann dieses Phänomen nicht einfangen. Diese Beobachtung gibt Anlass zum Prinzip der mehrfachen Skalierung.

Wir wählen für die formal asymptotische Entwicklung den Ansatz

$$y = y_0 + \varepsilon y_1 + \varepsilon^2 y_2 + \cdots$$

mit $y_k = y_k(T_0, T_1, T_2, \ldots)$ und $T_i = \varepsilon^i\tau$.

$$\Rightarrow \quad \begin{aligned} y_k' &= \partial_{T_0} y_k + \varepsilon\partial_{T1} y_k + O(\varepsilon^2),\\ y_k'' &= \partial_{T_0T_0} y_k + 2\varepsilon\partial_{T_0T_1} y_k + O(\varepsilon^2). \end{aligned}$$

Eingesetzt in die Van-der-Pol-Gleichung (2.24) ergibt

$$\partial_{T_0T_0} y_0 + 2\varepsilon\partial_{T_0T_1} y_0 + \varepsilon\partial_{T_0T_0} y_1 + y_0 + \varepsilon y_1 = \varepsilon(1 - y_0^2)\partial_{T_0} y_0 + O(\varepsilon^2).$$

Dasselbe machen wir auch mit den dazugehörigen Anfangsbedingungen (2.23). Mit einem Koeffizientenvergleich erhalten wir

$$\partial_{T_0T_0} y_0 + y_0 = 0, \tag{2.31}$$

$$y_0(0,\ldots) = \overline{y}, \quad \partial_{T_0} y_0(0,\ldots) = 0,$$

$$\partial_{T_0T_0} y_1 + y_1 = -2\partial_{T_0T_1} y_0 + (1 - y_0^2)\partial_{T_0} y_0, \tag{2.32}$$

$$y_1(0,\ldots) = 0, \quad (\partial_{T_1} y_0 + \partial_{T_0} y_1)(0,\ldots) = 0.$$

Dies ist ein System partieller Differentialgleichungen, das man rekursiv lösen kann. Die allgemeine Lösung von y_0 lautet:

$$y_0(T_0, T_1, \ldots) = a(T_1, T_2, \ldots)\cos(T_0 + b(T_1, T_2, \ldots)).$$

Hierbei sind a und b beliebige Funktionen, die unabhängig von T_0 sind. Die Anfangsbedingungen ($y(0) = \overline{y}$ und $y'(0) = 0$) liefern:

$$a(0,\ldots,0) = \overline{y} \quad \text{und} \quad b(0,\ldots,0) = 0.$$

Die rechte Seite der Differentialgleichung (2.32) ergibt dann

$$\begin{aligned} &2\partial_{T_1} a \sin(T_0 + b) + 2a\partial_{T_1} b\cos(T_0 + b) - a\sin(T_0 + b)(1 - a^2\cos^2(T_0 + b)) \\ &= \underbrace{\left(2\partial_{T_1} a - a + \frac{a^3}{4}\right)\sin(T_0 + b)}_{(1)} + \underbrace{2a\partial_{T_1} b\cos(T_0 + b)}_{(2)} + \frac{a^3}{4}\sin(3(T_0 + b)). \end{aligned}$$

Die Ausdrücke (1) und (2) würden Resonanz erzeugen. Die Freiheiten in der Wahl von a und b nutzen wir, indem wir versuchen (1) und (2) zu eliminieren. Dafür muss für a und b gelten:

$$\left.\begin{aligned} \partial_{T_1} a &= \frac{a}{8}(4 - a^2), \\ \partial_{T_1} b &= 0. \end{aligned}\right\} \tag{2.33}$$

Wir suchen eine Näherung der Van-der-Pol-Gleichung mit einem Residuum der Ordnung $O(\varepsilon^2)$. Dann können wir in a und b die Abhängigkeit von $T_i = \varepsilon^i\tau$ ($i = 2, 3, \ldots$) und in y_1 die Abhängigkeiten von $T_i = \varepsilon^i\tau$ ($i = 1, 2, \ldots$) vernachlässigen.

Die Differentialgleichungen (2.33) zusammen mit den Anfangsbedingungen

$$a(0) = \overline{y}, \quad b(0) = 0 \tag{2.34}$$

kann man durch Trennung der Variablen[14] lösen. Die Lösung ist

$$a(\varepsilon\tau) = \frac{2\overline{y}}{\sqrt{\overline{y}^2 - (\overline{y}^2 - 4)e^{-\varepsilon\tau}}}, \quad b(\varepsilon\tau) = 0.$$

[14] Benutzen Sie die Transformation $z(s) = e^{-\frac{1}{2}s}a(s)$. Dann erhalten Sie aus der ersten Gleichung von (2.33) die DGL

$$z'(s) = -\frac{1}{8}e^s z^3(s).$$

Durch Trennung der Variablen und Integration ergibt sich

$$\begin{aligned} &\left[-\frac{1}{2}z^{-2}\right]_0^{T_1} = \left[-\frac{1}{8}e^s\right]_0^{T_1} \\ \Rightarrow \quad &\frac{1}{z^2(T_1)} = \frac{1}{4}e^{T_1} - \frac{1}{4} - \frac{1}{z^2(0)} = \frac{1}{4}e^{T_1} - \frac{1}{4} - \frac{1}{\overline{y}^2} \\ \Rightarrow \quad &e^{-t}a^2(T_1) = \frac{4\overline{y}^2}{\overline{y}^2 e^t - \overline{y}^2 + 4} \quad \Rightarrow \quad a(T_1) = \frac{2\overline{y}}{\sqrt{\overline{y}^2 - (\overline{y}^2 - 4)e^{-T_1}}}. \end{aligned}$$

Damit folgt für die gesuchte Näherung:

$$y_0(\tau,\varepsilon\tau) = \frac{2\overline{y}\cos\tau}{\sqrt{\overline{y}^2 - (\overline{y}^2 - 4)e^{-\varepsilon\tau}}}.$$

Diese Näherung ist sicher besser als $y_0(\tau) = \overline{y}\cos\tau$. Insbesondere gilt

$$|y_0(\tau,\varepsilon\tau)^2 - 4\cos^2\tau| = \frac{4|\overline{y}^2 - 4|e^{-\varepsilon\tau}\cos^2\tau}{\overline{y}^2 - (\overline{y}^2 - 4)e^{-\varepsilon\tau}} \to 0 \quad \text{für} \quad \tau \to \infty$$

und damit

$$y_0(\tau,\varepsilon\tau) - 2\cos\tau \to 0 \quad \text{für} \quad \tau \to \infty.$$

Für große Zeiten geht die Näherungslösung y_0 gegen ein Grenzzykel $2\cos\tau$. Das kann man auch für die Lösung der vollen Van-der-Pol-Gleichung zeigen. Die Eigenschaft in einen Grenzzyklus überzugehen, ist der Grund, warum man bei der Modellierung, etwa eines Herzschrittmachers, die Van-der-Pol-Gleichung benutzt.

2.4 Regulär/singulär gestörte Probleme

Wir haben zwei Beispiele zur asymptotischen Entwicklung studiert – im Fall des Anfangswertproblems (2.12) erhielten wir eine gute Approximation, und im Fall der Van-der-Pol-Gleichung versagte dieses Vorgehen. Das gibt Anlass zur Behandlung in einem allgemeineren Rahmen.

Seien $(B_1, \|.\|_1)$ und $(B_2, \|.\|_2)$ abstrakte Banachräume und $F : B_1 \times [0,1] \to B_2$ eine Abbildung. Wir suchen Näherungen für die Lösung x_ε der Gleichung

$$F(x_\varepsilon, \varepsilon) = 0. \tag{2.35}$$

Wir betrachten die Lösung x_0 des *reduzierten Problems*

$$F(x_0, 0) = 0$$

als Näherung für x_ε und versuchen, durch den Ansatz

$$x_{\varepsilon,n} := \sum_{k=0}^{n} \varepsilon^k x_k$$

diese sukzessive zu verbessern. Dazu nehmen wir an, dass $F(x,\varepsilon)$ eine Entwicklung der Form

$$F(x,\varepsilon) = \sum_{j=0}^{n} F_j(x)\varepsilon^j + O(\varepsilon^{n+1}) \quad \text{für } \varepsilon \to 0$$

besitzt. Dann gilt

$$\begin{aligned}0 &= F\left(\sum_{k=0}^{n} \varepsilon^k x_k + O(\varepsilon^{n+1}), \varepsilon\right)\\ &= \sum_{j=0}^{n} F_j\left(\sum_{k=0}^{n} \varepsilon^k x_k + O(\varepsilon^{n+1})\right)\varepsilon^j + O(\varepsilon^{n+1})\end{aligned}$$

und nach formaler Taylorentwicklung

$$0 = \sum_{j=0}^{n} \left(F_j(x_0) + F_j'(x_0)\varepsilon x_1 + \cdots\right)\varepsilon^j + O(\varepsilon^{n+1}).$$

Ein Koeffizientenvergleich ergibt:

$$\begin{aligned}\varepsilon^0: &\quad F_0(x_0) = 0,\\ \varepsilon^1: &\quad F_0'(x_0)x_1 + F_1(x_0) = 0.\\ \vdots &\quad \vdots\end{aligned}$$

Definition 2.16

Die Näherung $x_{\varepsilon,n}$ heißt *konsistent*, wenn das Residuum $r_\varepsilon := F(x_{\varepsilon,n}, \varepsilon)$ für $\varepsilon \to 0$ gegen Null konvergiert; das heißt

$$\|F(x_{\varepsilon,n}, \varepsilon)\|_2 \to 0 \quad \text{für } \varepsilon \to 0.$$

Definition 2.17

Sind die Näherungen $x_0, \ldots, x_n$ berechenbar und ist $x_{\varepsilon,n}$ konsistent, so heißt $x_{\varepsilon,n}$ eine *formal asymptotische Entwicklung* der Ordnung n von x_ε.

Definition 2.18

Das Problem (2.35) heißt *regulär gestört*, wenn für alle $n \in \mathbb{N}$ eine formal asymptotische Entwicklung existiert (also falls für alle $n \in \mathbb{N}$: $x_{\varepsilon,n}$ konsistent ist). Andernfalls heißt das Problem (2.35) *singulär gestört*.

Achtung Aus Konsistenz folgt nicht Konvergenz!

Beispiel 2.19

Wir betrachten das lineare Gleichungssystem

$$\begin{aligned}0{,}01x + y &= 0{,}1,\\ x + 101y &= 11.\end{aligned}$$

Der Koeffizient von x ist klein im Vergleich zu dem von y. In nullter Näherung (Vernachlässigung von $0{,}01x$) erhält man die Lösung

$$x_0 = 0{,}9, \quad y_0 = 0{,}1.$$

Das Residuum $r = (0{,}009; 0)^T$ ist klein und trotzdem ist die nullte Näherung $(0{,}9; 0{,}1)^T$ sehr weit von der wahren Lösung $(x, y)^T = (-90; 1)^T$ entfernt.

Beispiel 2.20
Für das uns schon bekannte Anfangswertproblem

$$x'' = -\frac{1}{(\varepsilon x + 1)^2}, \quad x(0) = 0, \quad x'(0) = 1$$

versuchen wir eine formal asymptotische Entwicklung unter Anwendung des obigen Formalismus zu konstruieren.

$$F(x_\varepsilon, \varepsilon) = \begin{pmatrix} x'' + \frac{1}{(\varepsilon x+1)^2} \\ x(0) \\ x'(0) - 1 \end{pmatrix} \stackrel{!}{=} 0.$$

Ansatz:

$$x_\varepsilon = x_0 + \varepsilon x_1 + \varepsilon^2 x_2 + O(\varepsilon^3)$$
$$B_1 := (C^2[0, T], \|.\|_1), \qquad \|x\|_1 = \|x\|_\infty + \|x'\|_\infty + \|x''\|_\infty,$$
$$B_2 := (C[0, T] \times \mathbb{R} \times \mathbb{R}, \|.\|_2), \quad \|(x, r_1, r_2)\|_2 = \|x\|_\infty + |r_1| + |r_2|.^{15}$$
$$\Rightarrow \left.\begin{aligned} & x_0'' + \varepsilon x_1'' + \varepsilon^2 x_2'' + O(\varepsilon^3) = -(1 + \varepsilon x_0 + \varepsilon^2 x_1 + \varepsilon^3 x_2 + O(\varepsilon^4))^{-2}, \\ & x_0(0) + \varepsilon x_1(0) + \varepsilon^2 x_2(0) + O(\varepsilon^3) = 0, \\ & x_0'(0) + \varepsilon x_1'(0) + \varepsilon^2 x_2'(0) + O(\varepsilon^3) = 1. \end{aligned}\right\}$$

Die Taylorentwicklung der rechten Seite der ersten Gleichung liefert

$$-(1 + \varepsilon x_0 + \varepsilon^2 x_1 + \varepsilon^3 x_2 + O(\varepsilon^4))^{-2} = -1 + \varepsilon 2x_0 + \varepsilon^2(2x_1 - 3x_0^2) + O(\varepsilon^3).$$

Der Koeffizientenvergleich ergibt:

$$\begin{aligned} \varepsilon^0&: \quad x_0'' = -1, & x_0(0) = 0, \quad x_0'(0) = 1, \\ \varepsilon^1&: \quad x_1'' = 2x_0, & x_1(0) = 0, \quad x_1'(0) = 0, \\ \varepsilon^2&: \quad x_2'' = 2x_1 - 3x_0^2, & x_2(0) = 0, \quad x_2'(0) = 0. \end{aligned}$$
$$\Rightarrow \quad x(\tau) = \tau - \frac{\tau^2}{2} + \varepsilon\frac{\tau^3}{3}\left(1 - \frac{1}{4}\tau\right) - \varepsilon^2\frac{\tau^4}{4}\left(1 - \frac{11}{15}\tau + \frac{11}{90}\tau^2\right) + O(\varepsilon^3).$$

Das Residuum geht gegen Null für $\varepsilon \to 0$. Also ist die Näherung $x_{\varepsilon,2}$ eine konsistente formal asymptotische Entwicklung. Dies gilt für jede Näherung $x_{\varepsilon,n}$ für $n \in \mathbb{N}$. Denn: Alle x_n sind Polynome

[15] $\|x\|_\infty := \sup_{\tau\in[0,T]} |x(\tau)|$.

in τ. Folglich sind auch $x_{\varepsilon,n}$ und $x''_{\varepsilon,n}$ Polynome in τ. Mit $[0, T]$ betrachten wir einen beschränkten Definitionsbereich. Das heißt, $x_{\varepsilon,n}$ und $x''_{\varepsilon,n}$ sind in der $\|.\|_\infty$ Norm beschränkt. Damit gilt für jedes $n \in \mathbb{N}$, dass $\|F(x_{\varepsilon,n}, \varepsilon)\|_2$ für $\varepsilon \to 0$ gegen Null konvergiert.

Das Problem

$$x'' = -\frac{1}{(\varepsilon x + 1)^2}, \quad x(0) = 0, \quad x'(0) = 1$$

ist *regulär gestört.*

Beispiel 2.21 (Van-der-Pol-Gleichung)

$$x'' + x = \varepsilon(1 - x^2)x', \quad x(0) = \overline{x}, \quad x'(0) = 0.$$

Wir interessieren uns für das Verhalten der Lösung für $\tau \to \infty$. Konkret sei

$$\begin{aligned}
B_1 &:= (C^2([0,\infty)), \|.\|_1), & \|x\|_1 &= \|x\|_\infty + \|x'\|_\infty + \|x''\|_\infty, \\
B_2 &:= (C([0,\infty)) \times \mathbb{R} \times \mathbb{R}, \|.\|_2), & \|(x, r_1, r_2)\|_2 &= \|x\|_\infty + |r_1| + |r_2|.
\end{aligned}$$

Wir betrachten somit ein unbeschränktes Intervall als Definitionsbereich.

Das reduzierte Problem

$$x_0'' + x_0 = 0, \quad x_0(0) = \overline{x}, \quad x_0'(0) = 0$$

hat die Lösung

$$x_0(\tau) = \overline{x} \cos \tau$$

mit dem Residuum

$$\varepsilon(1 - x_0^2)x_0' = -\varepsilon(1 - \overline{x}^2 \cos^2 \tau)\overline{x} \sin \tau = O(\varepsilon).$$

Damit ist $x_{\varepsilon,0}$ eine formale Näherung für die Lösung der Van-der-Pol-Gleichung. Der Korrekturterm x_1 ist Lösung des Anfangswertproblems

$$x_1'' + x_1 = \overline{x}\left(\frac{\overline{x}^2}{4} - 1\right) \sin \tau + \frac{\overline{x}^3}{4} \sin 3\tau, \quad x_1(0) = x_1'(0) = 0$$

mit der Lösung

$$x_1(\tau) = \frac{\overline{x}}{2}\left(1 - \frac{\overline{x}^2}{4}\right)(\tau \cos \tau - \sin \tau) + \frac{\overline{x}^3}{32}(3 \sin \tau - \sin 3\tau).$$

Diese ist auf $[0, \infty)$ unbeschränkt.

$$\Rightarrow \quad x_{\varepsilon,1} = x_0 + \varepsilon x_1 \text{ ist nicht konsistent,}$$

weil εx_1 auf $[0, \infty)$ nicht gleichmäßig gegen Null konvergiert für $\varepsilon \to 0$. Die Van-der-Pol-Gleichungen sind *singulär gestört.*

Wir wollen uns im nächsten Abschnitt noch etwas genauer mit singulär gestörten Problemen befassen.

2.5 Grenzschichten

Als typisches Beispiel betrachten wir das Anfangswertproblem

$$\varepsilon y' = -y + t + \varepsilon, \quad y(0) = 1 \tag{2.36}$$

mit der Lösung

$$y_\varepsilon(t) = e^{-\frac{t}{\varepsilon}} + t.$$

Das reduzierte Problem

$$0 = -y_0 + t, \quad y_0(0) = 1$$

hat keine Lösung, da die Anfangswerte nicht erfüllt werden können. Die Gleichung (2.36) ist singulär gestört. Allerdings approximiert $y_0(t) = t$ die Lösung von (2.36) überall außer in der Nähe $t = 0$. Das gibt Anlass zu folgender Definition.

Definition 2.22
Es seien $D \subset \mathbb{R}^n$ ein Gebiet und $u_\varepsilon \in C(\overline{D}), 0 < \varepsilon \leq \varepsilon_0$ eine reellwertige Funktion.

(i) u_ε heißt *regulär* in D, wenn der Grenzwert $\lim_{\varepsilon \to 0} u_\varepsilon$ bezüglich der Norm

$$\|u\|_D := \sup_{x \in D} |u(x)|$$

existiert.

(ii) Sei $S \subset \overline{D}$ eine C^1-Mannigfaltigkeit der Dimension kleiner n. u_ε hat *Grenzschichtverhalten* an S, wenn u_ε nicht regulär in D, aber regulär in $\overline{D_1} \subset \overline{D} \setminus S$ für $D_1 \subset D$ ist.

Satz 2.23 *Hat u_ε Grenzschichtverhalten an S, so gibt es eine Funktion $\overline{u} \in C(\overline{D} \setminus S)$, die nicht von ε abhängt und für die*

$$\lim_{\varepsilon \to 0} \|u_\varepsilon - \overline{u}\|_{D_1} = 0$$

mit $\overline{D_1} \subset \overline{D} \setminus S$ gilt.

Beweis Nach Definition 2.22 gibt es für jedes $D_1 \subset D$ mit $\overline{D_1} \subset \overline{D} \setminus S$ eine Funktion $\overline{u}_{D_1} \in C(\overline{D_1})$ mit

$$\lim_{\varepsilon \to 0} \|u_\varepsilon - \overline{u}_{D_1}\|_{D_1} = 0.$$

Wegen der Eindeutigkeit des Limes folgt

$$\overline{u}_{D_1 \cap D_2}(x) = \overline{u}_{D_1}(x) = \overline{u}_{D_2}(x) \quad \forall x \in D_1 \cap D_2$$

und $\forall \overline{D}_1, \overline{D}_2 \subset \overline{D} \setminus S$. Wir definieren $\overline{u} : \overline{D} \setminus S \to \mathbb{R}$ durch

$$\overline{u}(x) := \overline{u}_{\mathcal{U}(x)}(x),$$

wobei $\mathcal{U}(x)$ eine beliebige Umgebung von x in $\overline{D} \setminus S$ ist. Für diese Funktion gilt nach Konstruktion

$$\lim_{\varepsilon \to 0} \|u_\varepsilon - \overline{u}\|_{D_1} = 0$$

und wegen der gleichmäßigen Stetigkeit auch $\overline{u} \in C(\overline{D} \setminus S)$. □

Beispiel 2.24

(i) $u_\varepsilon(x) := e^{-\frac{x}{\varepsilon}} + x, D := (0,1), S := \{0\}, \overline{u}(x) = x$;

(ii) $u_\varepsilon(x,y) := \tanh \frac{x-y^2}{\varepsilon}, D := \mathbb{R}^2, S := \{(x,y) \in \mathbb{R}^2 : x - y^2 = 0\}$.
u_ε ist nicht regulär in $D = \mathbb{R}^2$, aber regulär für alle $\overline{D}_1 \subset D \setminus S$.

$$\Rightarrow \quad \overline{u}(x,y) = \begin{cases} -1 & \text{für } x - y^2 < 0, \\ 1 & \text{für } x - y^2 > 0. \end{cases}$$

Die Funktion $\overline{u}$ beschreibt das Verhalten von u_ε weg von der Grenzschicht. Wir studieren jetzt die Funktion u_ε genauer in der Umgebung von S (in der Grenzschicht).

Es sei S eine C^1-Mannigfaltigkeit der Dimension $n - k$. Wir führen lokale Koordinaten $z = z(x)$ ein, sodass

$$S := \{x : z_1(x) = z_2(x) = \cdots = z_k(x) = 0\}$$

gilt.

$$\Rightarrow \quad z(x) \text{ ist in einer Umgebung } \mathcal{U}(S) \text{ von } S \text{ definiert.}$$

Lokale Koordinaten ξ in $\mathcal{U}(S)$ sind gegeben durch

$$\begin{aligned} \xi_i &= z_i \varepsilon^{-\alpha_i} && \text{mit } \alpha_i > 0 \text{ für } i = 1, 2, \ldots, k, \\ \xi_i &= z_i && \text{für } i = k+1, \ldots, n. \end{aligned}$$

Durch die Faktoren $\varepsilon^{-\alpha_i}$ „zoomen" wir in die Umgebung der Grenzschicht. Das soll so geschehen, dass

$$U_\varepsilon(\xi) := u_\varepsilon(x(\xi, \varepsilon))$$

in einem Bereich regulär ist.

Beispiel 2.25 (siehe Anfangswertproblem (2.36))
$u_\varepsilon(x) = e^{-\frac{x}{\varepsilon}} + x$ mit lokalen Koordinaten $\xi = x\varepsilon^{-\alpha}$ in der Nähe von 0.

$$\Rightarrow \quad U_\varepsilon(\xi) = u_\varepsilon(x(\xi,\varepsilon)) = e^{-\frac{\xi\varepsilon^\alpha}{\varepsilon}} + \varepsilon^\alpha \xi = e^{-\xi\varepsilon^{\alpha-1}} + \varepsilon^\alpha \xi.$$

Für $\alpha \geq 1$ ist U_ε regulär auf ξ-Intervallen $(0, \mathfrak{X})$ und

$$\lim_{\varepsilon\to 0} U_\varepsilon(\xi) = \begin{cases} e^{-\xi} & \text{für } \alpha = 1, \\ 1 & \text{für } \alpha > 1. \end{cases}$$

Für $0 < \alpha < 1$ ist U_ε regulär auf ξ-Intervallen der Form $(\mathfrak{X}_1, \mathfrak{X}_2)$ mit $\mathfrak{X}_1 > 0$ und

$$\lim_{\varepsilon\to 0} U_\varepsilon(\xi) = 0.$$

Beispiel 2.26
Wir betrachten das Anfangswertproblem

$$-\varepsilon u'' + u' + u = 0 \quad \text{für } x \in (0,1) \tag{2.37}$$

mit den Randwerten

$$u(0) = 1, \quad u(1) = 0. \tag{2.38}$$

Dieses Problem ist singulär gestört, denn die Lösung $\overline{u}(x) = Ce^{-x}$ der reduzierten Differentialgleichung

$$u' + u = 0 \tag{2.39}$$

kann als Differentialgleichung 1. Ordnung nicht beide Randbedingungen (2.38) erfüllen.

Wir wollen nun eine asymptotische Näherung von (2.37) konstruieren, die beide Randbedingungen erfüllt. Wir erwarten, dass sich die asymptotische Näherung u_{asympt} im Inneren von $(0,1)$ wie Ce^{-x} verhält, an den Rändern $x = 0$ und $x = 1$ aber Grenzschichten aufweist, um die Randwerte (2.38) zu erfüllen.

In einer Umgebung von $x = 0$ führen wir durch

$$\xi := x\varepsilon^{-\alpha}, \quad \alpha > 0,$$

lokale Koordinaten (Grenzschichtkoordinaten) ein und definieren

$$U_\varepsilon(\xi) := u(x) = u(\xi\varepsilon^\alpha).$$
$$\Rightarrow \quad U'_\varepsilon := \frac{dU_\varepsilon}{d\xi} = \frac{du}{dx}\frac{dx}{d\xi} = \varepsilon^\alpha u'.$$

Die Differentialgleichung (2.37) transformiert sich zu

$$-\varepsilon^{1-2\alpha} U''_\varepsilon + \varepsilon^{-\alpha} U'_\varepsilon + U_\varepsilon = 0, \quad \xi \in (0, \varepsilon^{-\alpha}). \tag{2.40}$$

Analog führen wir in einer Umgebung von $x = 1$ die lokalen Koordinaten

$$\eta := (1-x)\varepsilon^{-\beta}, \quad \beta > 0,$$

ein und definieren

$$V_\varepsilon(\eta) := u(x) = u(1-\eta\varepsilon^\beta).$$

Die Differentialgleichung (2.37) transformiert sich zu

$$\Rightarrow \quad -\varepsilon^{1-2\beta} V_\varepsilon'' - \varepsilon^{-\beta} V_\varepsilon' + V_\varepsilon = 0, \quad \eta \in (0, \varepsilon^{-\beta}). \tag{2.41}$$

Welche α bzw. β soll man wählen? Wir wählen α und β so, dass die maximale Information erhalten wird.

Heuristische Vorgehensweise (kann auch streng hergeleitet werden) Wir setzen in (2.40) zwei Exponenten gleich und nehmen an, dass der verbleibende Exponent nicht kleiner ist. Das ergibt folgende Möglichkeiten:

(i) $1 - 2\alpha = -\alpha \leq 0 \Rightarrow \alpha \geq 0, \alpha = 1$,
(ii) $1 - 2\alpha = 0 \leq -\alpha \Rightarrow \alpha \leq 0, \alpha = \frac{1}{2}$ (Widerspruch!),
(iii) $-\alpha = 0 \leq 1 - 2\alpha \Rightarrow \alpha = 0$ (nicht möglich, da $\alpha > 0$ vorausgesetzt war!)

Das heißt, wir wählen $\alpha = 1$. Da wir nach (2.41) für die Wahl von β dieselben Exponenten zu vergleichen haben wie bei α, erhalten wir für β, dass $\beta = 1$ ist.

Eine andere Vorgehensweise zur Wahl von α sähe so aus, dass man (2.40) mit Potenzen von ε multipliziert, sodass für $\varepsilon \to 0$ das Residuum gegen Null geht (Konsistenz!). Daraus ergibt sich die Forderung

$$\begin{aligned} U_\varepsilon' &= 0 \quad \text{für } 0 < \alpha < 1, \\ -U_\varepsilon'' + U_\varepsilon' &= 0 \quad \text{für } \alpha = 1, \\ -U_\varepsilon'' &= 0 \quad \text{für } \alpha > 1. \end{aligned} \tag{2.42}$$

Auch hier enthält (2.42) die größte Information.

Jetzt wählen wir für die asymptotische Approximation den Ansatz

$$u_{\text{asympt}}(x) = \overline{u}(x) + U_\varepsilon(\xi) + V_\varepsilon(\eta) \tag{2.43}$$

und fordern

$$\lim_{\xi\to\infty} \frac{d^k U_\varepsilon}{d\xi^k}(\xi) = 0, \quad \lim_{\eta\to\infty} \frac{d^k V_\varepsilon}{d\eta^k}(\eta) = 0 \tag{2.44}$$

für alle $k \in \mathbb{N} \cup \{0\}$.

Die Forderung nach zumindest punktweiser Konsistenz für jedes $x \in (0,1)$ ergibt:

$$\begin{aligned}
0 &= \lim_{\varepsilon\to 0}(-\varepsilon u''_{\text{asympt}} + u'_{\text{asympt}} + u_{\text{asympt}}) \\
&= \lim_{\varepsilon\to 0}\left(-\varepsilon\frac{d^2}{dx^2}\overline{u} + \frac{d}{dx}\overline{u} + \overline{u} - \frac{1}{\varepsilon}\frac{d^2}{d\xi^2}U_\varepsilon + \frac{1}{\varepsilon}\frac{d}{d\xi}U_\varepsilon + U_\varepsilon - \frac{1}{\varepsilon}\frac{d^2}{d\eta^2}V_\varepsilon - \frac{1}{\varepsilon}\frac{d}{d\eta}V_\varepsilon + V_\varepsilon\right) \\
&\overset{(2.44)}{=} \lim_{\varepsilon\to 0}\left(\frac{d}{dx}\overline{u} + \overline{u} - \frac{1}{\varepsilon}\frac{d^2}{d\xi^2}U_\varepsilon + \frac{1}{\varepsilon}\frac{d}{d\xi}U_\varepsilon - \frac{1}{\varepsilon}\frac{d^2}{d\eta^2}V_\varepsilon - \frac{1}{\varepsilon}\frac{d}{d\eta}V_\varepsilon\right).
\end{aligned} \tag{2.45}$$

Die Beziehung (2.45) gilt, wenn

$$\left.\begin{aligned}
\frac{d\overline{u}}{dx} + \overline{u} &= 0, \\
\frac{d^2U_\varepsilon}{d\xi^2} - \frac{dU_\varepsilon}{d\xi} &= 0, \\
\frac{d^2V_\varepsilon}{d\eta^2} + \frac{dV_\varepsilon}{d\eta} &= 0
\end{aligned}\right\} \tag{2.46}$$

gelten. Vergleiche hierzu auch (2.42).

Die Lösungen der Differentialgleichungen (2.46) sind:

$$\begin{aligned}
\overline{u}(x) &= C_1e^{-x} && \text{(Lösung im Inneren von } (0,1)\text{)}, \\
U_\varepsilon(\xi) &= C_2 + C_3e^{\xi} && \text{(am linken Rand)}, \\
V_\varepsilon(\eta) &= C_4 + C_5e^{-\eta} && \text{(am rechten Rand)}.
\end{aligned}$$

Wegen (2.44) gilt

$$\begin{aligned}
&U_\varepsilon(\xi) \to 0 \quad \text{für } \xi \to \infty \\
&\Rightarrow \quad C_2 = C_3 = 0
\end{aligned}$$

und

$$\begin{aligned}
&V_\varepsilon(\eta) \to 0 \quad \text{für } \eta \to \infty \\
&\Rightarrow \quad C_4 = 0.
\end{aligned}$$

Es gibt also nur eine Grenzschicht, nämlich bei $x = 1$. Für die asymptotische Approximation u_ε erhält man also:

$$u_{\text{asympt}}(x) = C_1e^{-x} + C_5e^{-\frac{1-x}{\varepsilon}}.$$

Mit Hilfe der Konstanten C_1 und C_5 werden die Randbedingungen $u_{\text{asympt}}(0) = 1$ und $u_{\text{asympt}}(1) = 0$ erfüllt (Abb. 2.2):

$$\Rightarrow \quad u_{\text{asympt}}(x) = \frac{e^{-x} - e^{-1+(x-1)/\varepsilon}}{1 - e^{-(1+1/\varepsilon)}}, \quad x \in [0,1]. \tag{2.47}$$

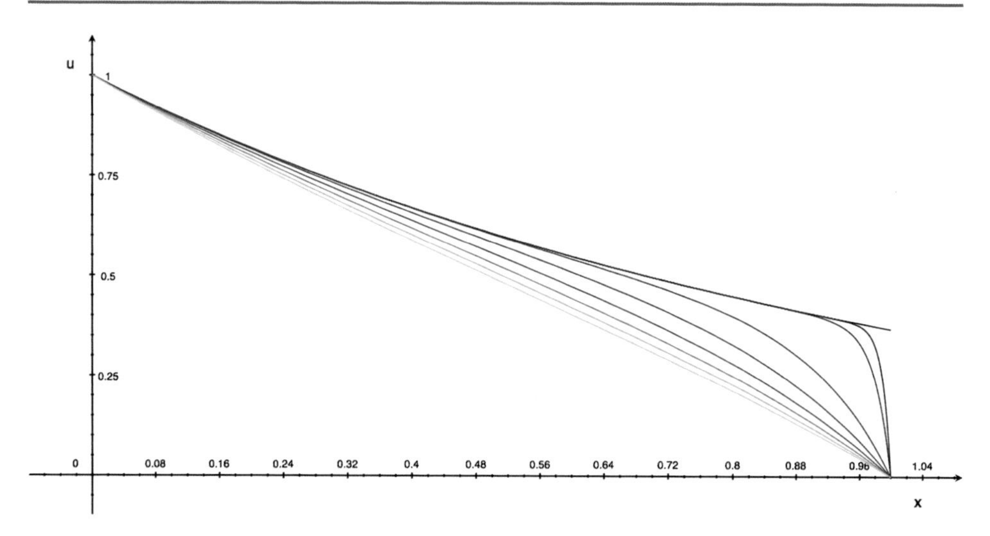

Abb. 2.2 Die *farbigen Kurven* stellen u_{asympt} dar von $\varepsilon = 0{,}01$ (*dunkelblau*) bis $\varepsilon = 0{,}5$ (*grün*). Die *schwarze Kurve*, welche die rechte Randbedingung nicht erfüllt, ist die Lösung u_{asympt} für $\varepsilon = 0$

Ist die berechnete Näherung (2.47) nun konsistent? Wir berechnen das Residuum. Da u_{asympt} beide Randwerte erfüllt, brauchen wir nur $\tilde{r}_\varepsilon(x)$ zu betrachten, mit

$$\begin{aligned}\tilde{r}_\varepsilon(x) &:= -\varepsilon u''_{\text{asympt}} + u'_{\text{asympt}} + u_{\text{asympt}}\\ &= -\frac{\varepsilon e^{-x} + e^{-1+(x-1)/\varepsilon}}{1 - e^{-(1+1/\varepsilon)}}.\\ \Rightarrow \quad &\lim_{\varepsilon\to 0} \tilde{r}_\varepsilon(x) = 0 \quad \text{für alle } x \in [0,1), \text{ aber}\\ &\lim_{\varepsilon\to 0} \tilde{r}_\varepsilon(1) = -e^{-1}.\end{aligned}$$

Damit ist u_{asympt} *nicht* konsistent in der Supremumsnorm. Es gilt aber für $0 < \varepsilon < \varepsilon_0$, mit ε_0 hinreichend klein (z. B. $\varepsilon_0 := \frac{1}{1000}$)

$$\begin{aligned}\int_0^1 \tilde{r}_\varepsilon(x)^2 dx &= \frac{1}{(1 - e^{-(1+1/\varepsilon)})^2} \int_0^1 (\varepsilon e^{-x} + e^{-1+(x-1)/\varepsilon})^2 dx\\ &= \frac{1}{(1 - e^{-(1+1/\varepsilon)})^2} \int_0^1 (\varepsilon^2 e^{-2x} + e^{-2+(2x-2)/\varepsilon} + 2\varepsilon e^{-1-1/\varepsilon+(1-\varepsilon)x/\varepsilon})^2 dx\\ &= \frac{1}{(1 - e^{-(1+1/\varepsilon)})^2} \left\{ \varepsilon^2 \left[-\frac{1}{2} e^{-2} \right]_0^1 + \left[\frac{\varepsilon}{2} e^{-2+(2x-2)/\varepsilon} \right]_0^1 \right.\\ &\qquad \left. + 2\varepsilon \left[\frac{\varepsilon}{1-\varepsilon} e^{-1-1/\varepsilon+(1-\varepsilon)x/\varepsilon} \right]_0^1 \right\} dx\\ &= \frac{1}{(1 - e^{-(1+1/\varepsilon)})^2} \left\{ \frac{\varepsilon}{2}(1 - e^{-2}) + \frac{e^{-2}}{2}(1 - e^{-2/\varepsilon}) + 2\varepsilon e^{-2} \frac{1 - e^{-1/\varepsilon+1}}{1-\varepsilon} \right\} \cdot \varepsilon\\ &\leq \text{const}(\varepsilon_0) \cdot \varepsilon \to 0 \quad \text{mit } \varepsilon \to 0\end{aligned}$$

und damit Konsistenz in der L^2-Norm.

2.6 Sensitivität

Wir hatten in Beispiel 2.19 gesehen, dass die Lösung einer (linearen) Gleichung auch dann noch weit von einer Approximation entfernt sein kann, wenn letztere ein sehr kleines Residuum hat. Das lag in dem Beispiel daran, dass die Koeffizientenmatrix fast singulär war. Wir wollen nun der Frage nachgehen, wann aus Konsistenz (kleines Residuum) auf die Güte der Approximation geschlossen werden kann. Dazu ist es erforderlich, dass das Problem nicht zu sensitiv von einer Variation der Daten abhängt, dass es *gut konditioniert* ist. Da die Koeffizientenmatrix in Beispiel 2.19 fast singulär ist, ist dieses Problem schlecht konditioniert.

Wir betrachten einen allgemeineren Rahmen. Es seien $(B_1, \|.\|_1)$ ein Banachraum und $(B_2, \|.\|_2)$ ein normierter linearer Raum.

Definition 2.27

Eine Abbildung $F : B_1 \to B_2$ ist an einer Stelle u_{asympt} *Frechét-differenzierbar* (total differenzierbar bzw. stark differenzierbar), wenn es eine lineare Abbildung $DF(u_{\text{asympt}}) : B_1 \to B_2$ gibt, sodass für jedes $h \in B_1$

$$F(u_{\text{asympt}} + h) - F(u_{\text{asympt}}) - DF(u_{\text{asympt}})h = o(\|h\|_1)$$

für $\|h\|_1 \to 0$ gilt. $DF(u_{\text{asympt}})$ heißt das Frechét-Differential von F an der Stelle u_{asympt}.

Beispiel 2.28

Sei $B_1 := C^2([a,b]) \times \mathbb{R}$ und $B_2 := C([a,b]) \times \mathbb{R}^2$ mit den Normen

$$\|(x,\varepsilon)\|_1 := \max_{t\in[a,b]} (|x(t)| + |x'(t)| + |x''(t)|) + |\varepsilon|$$

und

$$\|(f,\alpha,\beta)\|_2 := \max_{t\in[a,b]} |f(t)| + |\alpha| + |\beta|.$$

Wir betrachten wieder unser Modellbeispiel 2.1:

$$F(x,\varepsilon) = \begin{pmatrix} x'' + \frac{1}{(\varepsilon x+1)^2} \\ x(0) \\ x'(0) - 1 \end{pmatrix} = 0.$$

Als u_{asympt} nehmen wir die asymptotische Näherung $x_0(t) := t - \frac{t^2}{2}$ mit $\varepsilon = 0$, d. h. $u_{\text{asympt}} = (x_0, 0) \in B_1$. Aus Definition 2.27 folgt unmittelbar für $(y, 0) \in B_1$, dass

$$DF(x_0, 0)\begin{pmatrix} y \\ 0 \end{pmatrix} = \begin{pmatrix} y'' \\ y(0) \\ y'(0) \end{pmatrix}.$$

Der folgende Satz macht eine Aussage darüber, wann aus Konsistenz Konvergenz folgt.

Satz 2.29 *Die Abbildung $F : B_1 \to B_2$ sei an der Stelle $u_{\text{asympt}} \in B_1$ Frechét-differenzierbar. Das Frechét-Differential $DF(u_{\text{asympt}})$ sei invertierbar, und es gelte*

$$\|DF(u_{\text{asympt}})^{-1} f\|_1 \le K\|f\|_2 \quad \forall f \in B_2, \tag{2.48}$$

sowie für

$$P(v) := F(u_{\text{asympt}} + v) - F(u_{\text{asympt}}) - DF(u_{\text{asympt}})v$$

gelte

$$\|P(v_1) - P(v_2)\|_2 \le L\delta\|v_1 - v_2\|_1 \tag{2.49}$$

für $\|v_1\|_1, \|v_2\|_1 \le \delta$. Ferner gelte für das Residuum $\rho := F(u_{\text{asympt}})$

$$\|\rho\|_2 \le \frac{1}{4K^2L}. \tag{2.50}$$

Dann: *In der Kugel $K_{\overline{\delta}}(u_{\text{asympt}}) \subset B_1$ mit Mittelpunkt u_{asympt} und Radius $\overline{\delta} := 1/(2KL)$ hat die Gleichung $F(u) = 0$ eine eindeutig bestimmte Lösung, und für diese gilt die Abschätzung*

$$\|u - u_{\text{asympt}}\|_1 \le 2K\|\rho\|_2.$$

Beweis Setze $R := u - u_{\text{asympt}}$.

$$\Rightarrow \quad F(u) = F(u_{\text{asympt}} + R) - F(u_{\text{asympt}}) + \rho.$$

Also ist $F(u) = 0$ gleichbedeutend mit

$$\begin{aligned} F(u_{\text{asympt}} + R) - F(u_{\text{asympt}}) &= -\rho \\ \Leftrightarrow \quad DF(u_{\text{asympt}})R &= -\rho - P(R). \end{aligned}$$

Es muss somit die Lösbarkeit des Fixpunktproblems

$$R = G(R)$$

mit

$$G(R) := -DF(u_{\text{asympt}})^{-1}(\rho + P(R))$$

gezeigt werden.

Wir zeigen:

(i) $G : K_{\overline{\delta}}(0) \to K_{\overline{\delta}}(0)$,
(ii) G ist kontrahierend.

Zu (i): Sei $R \in K_{\overline{\delta}}(0)$.

$$\Rightarrow \quad \|G(R)\|_1 \overset{(2.48)}{\leq} K\|\rho + P(R)\|_2 \leq K(\|\rho\|_2 + \|P(R)\|_2) \overset{(2.50),(2.49)}{\leq} K\left(\frac{1}{4K^2L} + L\overline{\delta}^2\right) = \overline{\delta}.$$

Das heißt, G ist eine Selbstabbildung von $K_{\overline{\delta}}(0)$ nach $K_{\overline{\delta}}(0)$.

Zu (ii): Seien $R_1, R_2 \in K_{\overline{\delta}}(0)$. Da $DF(u_{\text{asympt}})$ linear, so ist auch die Inverse $DF(u_{\text{asympt}})^{-1}$ linear. Somit gilt:

$$\begin{aligned}\Rightarrow \quad \|G(R_1) - G(R_2)\|_1 &= \|-DF(u_{\text{asympt}})^{-1}(\rho + P(R_1) - \rho - P(R_2))\|_1 \\ &\overset{(2.48)}{\leq} K\|P(R_1) - P(R_2)\|_2 \\ &\overset{(2.49)}{\leq} KL\overline{\delta}\|R_1 - R_2\|_1 \\ &= \frac{1}{2}\|R_1 - R_2\|_1.\end{aligned}$$

Es gilt somit

$$\|G(R_1) - G(R_2)\|_1 \leq C_{\text{kontrah}}\|R_1 - R_2\|_1 \quad \text{mit } C_{\text{kontrah}} < 1.$$

Das heißt, G ist kontrahierend.

Nach dem Banachschen Fixpunktsatz gilt: Es gibt genau einen Fixpunkt $R = u - u_{\text{asympt}}$ in $K_{\overline{\delta}}(0)$. Für diesen Fixpunkt gilt die Abschätzung

$$\begin{aligned}\|R\|_1 = \|G(R)\|_1 &\leq K(\|\rho\|_2 + \|P(R)\|_2) \\ &\leq K(\|\rho\|_2 + L\overline{\delta}\|R\|_1) = K\|\rho\|_2 + \frac{1}{2}\|R\|_1 \\ \Rightarrow \quad \frac{1}{2}\|R\|_1 \leq K\|\rho\|_2 &\end{aligned}$$

und somit

$$\|u - u_{\text{asympt}}\|_1 = \|R\|_1 \leq 2K\|\rho\|_2. \qquad \square$$

▶ **Bemerkung 2.30** Die entscheidende Voraussetzung in Satz 2.29 ist (2.48). Diese sagt aus, dass für eine beliebige rechte Seite f das linearisierte Problem eine eindeutige Lösung besitzt, die stetig von den Daten abhängt. Das bedeutet Stabilität. Die Aussage des Satzes hat zur Konsequenz:

$$\text{Konsistenz} + \text{Stabilität} = \text{Konvergenz}$$

Der Satz 2.29 sagt aus, dass es lokal (in $K_{\bar{\delta}}(u_{\text{asympt}})$) eine eindeutig bestimmte Lösung gibt, die stetig von Störungen ρ abhängt. In diesem Sinne heißt das Problem

$$F(u, \varepsilon) = 0$$

sachgemäß gestellt.

Wir wenden Satz 2.29 auf das regulär gestörte Problem an. Dazu beweisen wir zunächst folgendes Lemma.

Lemma 2.31 *Es seien $A, B : B_1 \to B_2$ lineare Abbildungen mit den Eigenschaften*

(i) *A besitzt eine beschränkte Inverse mit*

$$\|A^{-1}f\|_1 \le K\|f\|_2 \quad \forall f \in B_2,$$

(ii) $\exists\, \delta < 1\ \forall u \in B_1$: $\|A^{-1}Bu\|_1 \le \delta\|u\|_1$.

Dann hat $A + B$ eine beschränkte Inverse mit

$$\|(A+B)^{-1}f\|_1 \le \frac{K}{1-\delta}\|f\|_2 \quad \forall f \in B_2.$$

Beweis Wir führen die Norm der stetigen linearen Abbildung A ein:

$$\|A\| := \sup_{\|u\|_1=1} \|Au\|_2.$$

Analog:

$$\|A^{-1}\| := \sup_{\|f\|_2=1} \|A^{-1}f\|_1.$$

Dann lauten die Bedingungen (i) und (ii):

(i) $\|A^{-1}\| \le K$ und
(ii) $\|A^{-1}B\| \le \delta$.

Aus $(A + B)u = f$ folgt $u = A^{-1}f - A^{-1}Bu$. Man betrachte nun die Abbildung $G(u) := A^{-1}f - A^{-1}Bu$. Dann gilt

$$\begin{aligned}\|G(u_1) - G(u_2)\| &= \|A^{-1}f - A^{-1}Bu_1 - A^{-1}f + A^{-1}Bu_2\|_1 \\ &\leq \|A^{-1}B\|\,\|u_1 - u_2\|_1 \leq \delta\|u_1 - u_2\|_1.\end{aligned}$$

Da $\delta < 1$, ist $G := A^{-1}f - A^{-1}B$ in B_1 eine kontrahierende Selbstabbildung

$$\begin{aligned}&\Rightarrow \quad \forall f \in B_2\ \exists_1 u \in B_1 \text{ mit } (A + B)u = f \quad \text{(Banachscher Fixpunktsatz)} \\ &\Rightarrow \quad (A + B)^{-1} \text{ existiert.}\end{aligned}$$

Weiter gilt:

$$\begin{aligned}&\|(A + B)^{-1}f\|_1 = \|u\|_1 \overset{\text{s.o.}}{\leq} \|A^{-1}f\|_1 + \|A^{-1}Bu\|_1 \leq K\|f\|_2 + \delta\|u\|_1 \\ &\Rightarrow \quad \|(A + B)^{-1}f\|_1 \leq \frac{K}{1 - \delta}\|f\|_2.\end{aligned}$$

□

Eine Aussage zur Gültigkeit einer formalen asymptotischen Entwicklung des regulär gestörten Problems

$$F(u, \varepsilon) = 0 \tag{2.51}$$

macht folgender Satz.

Satz 2.32 *Sei $F : B_1 \times [0, \varepsilon_0] \to B_2$ eine Abbildung. Das reduzierte Problem*

$$F(u_0, 0) = 0$$

besitze eine Lösung u_0. Ferner sei F in einer Umgebung von $(u_0, 0)$ noch $(N + 1)$-mal $(N \geq 1)$ (nach beiden Argumenten) Frechét-differenzierbar, und $DF(u_0, 0)$ besitze als Frechét-Ableitung nach u an der Stelle $(u_0, 0)$ eine beschränkte Inverse.

Dann *ist eine formal asymptotische Entwicklung der Form*

$$u_{\varepsilon,n} = \sum_{k=0}^{n} u_k \varepsilon^k \quad (n \leq N)$$

zur Approximation der Lösung von (2.51) eindeutig bestimmt. Das Problem (2.51) besitzt für kleine ε in einer von ε unabhängigen Umgebung von u_0 eine eindeutig bestimmte Lösung u mit

$$\|u - u_{\varepsilon,n}\|_1 = O(\varepsilon^{n+1}) \quad \textit{für } n \leq N.$$

Beweis Die erste Aussage wurde in Abschn. 2.4 bereits gezeigt. Es gilt folglich

$$\|F(u_{\varepsilon,n},\varepsilon)\|_2 = O(\varepsilon^{n+1}).$$

Wir müssen zeigen, dass (2.48) und (2.49) von Satz 2.29 erfüllt sind.

Wegen der vorausgesetzten Differenzierbarkeit ist (2.49) erfüllt (vgl. Abschn. 2.4), und L kann unabhängig von ε gewählt werden. Zum Nachweis von (2.48) muss die Invertierbarkeit von $DF(u_{\varepsilon,n},\varepsilon)$ gezeigt werden. Wieder wegen der Differenzierbarkeit von F folgt

$$DF(u_{\varepsilon,n},\varepsilon) = DF(u_{\varepsilon,n},0) + \varepsilon C \tag{2.52}$$

mit einer linearen Abbildung C, die gleichmäßig in ε beschränkt ist.

Man wende nun Lemma 2.31 mit

$$A = DF(u_{\varepsilon,n},0), \quad B = \varepsilon C$$

an. A besitzt nach Voraussetzung eine beschränkte Inverse. Für B gilt

$$\begin{aligned} &\|A^{-1}Bu\|_1 = \varepsilon\|A^{-1}Cu\|_1 \le \varepsilon\|A^{-1}\|\cdot\|C\|\cdot\|u\|_1 \\ \Rightarrow \quad &\|A^{-1}Bu\|_1 \le \delta\|u\|_1 \quad \text{mit } \delta < 1 \text{ für } \varepsilon \text{ klein genug.} \end{aligned}$$

Die Anwendung von Lemma 2.31 und (2.52) ergibt, dass $(DF(u_{\varepsilon,n},\varepsilon))^{-1}$ existiert und gleichmäßig in ε beschränkt ist. Damit sind alle Voraussetzungen von Satz 2.29 erfüllt. Folglich gilt

$$\|u - u_{\varepsilon,n}\|_1 = O(\varepsilon^{n+1}).$$

□

Wir wenden das Ergebnis auf unser Standardbeispiel 2.28 an. Die Differenzierbarkeitsvoraussetzungen von $F(x,\varepsilon)$ sind erfüllt. Die Invertierbarkeit von $DF(x_0,0)$ folgt aus der eindeutigen Lösbarkeit von

$$DF(x_0,0)\begin{pmatrix} y \\ 0 \end{pmatrix} = \begin{pmatrix} y'' \\ y(0) \\ y'(0) \end{pmatrix} = \begin{pmatrix} g \\ \alpha \\ \beta \end{pmatrix} \tag{2.53}$$

für beliebige $g \in C[0,b]$, $\alpha,\beta \in \mathbb{R}$. Die Differentialgleichung (2.53) hat die eindeutig bestimmte Lösung

$$y(t) = \alpha + \beta t + \int_0^t (t-\tau)g(\tau)d\tau.$$

Damit ist $DF(x_0, 0)$ invertierbar. Es bleibt die Beschränkheit der Inverse $(DF(x_0, 0))^{-1}$ zu zeigen:

$$\begin{aligned}\left\| DF(x_0,0)^{-1}\begin{pmatrix} g\\ \alpha\\ \beta\end{pmatrix}\right\|_1 &= \left\|\begin{pmatrix} y\\ 0\end{pmatrix}\right\|_1\\ &= \max_{t\in[0,b]}\left(|y(t)| + |y'(t)| + |y''(t)|\right) + 0\\ &= \text{const}\|(g, \alpha, \beta)\|_2.\end{aligned}$$

Satz 2.32 liefert die eindeutig bestimmte Lösung des vollen Problems und deren Approximierbarkeit durch eine asymptotische Entwicklung.

2.7 Aufgaben

1. Es bezeichne $x(t)$ einen Kontostand zum Zeitpunkt t. Wir nehmen an, der Kontostand entwickle sich nach folgendem Anfangswertproblem

$$x'(t) = p\,x(t), \quad x(0) = x_0.$$

   Hierbei sind $x_0 \in \mathbb{R}$ ein Startguthaben und $p \in \mathbb{R}$ eine gegebene Wachstumsrate. Entdimensionalisieren Sie das Modell! Finden Sie alle möglichen dimensionslosen Formulierungen!

2. Die gedämpfte Federschwingung eines Körpers der Masse m wird beschrieben durch folgendes Anfangswertproblem für $t > 0$

$$mx''(t) + rx'(t) + kx(t) = -mR\omega_0^2\sin(\omega_0 t), \quad x(0) = 0, \quad x'(0) = 0.$$

   Hierbei ist R die Amplitude der Anregung, k die Federkonstante, r der Dämpfungsfaktor, ω_0 die Anregungsfrequenz der Schwingung. Entdimensionalisieren Sie das Modell!

3. Wir möchten die Energie abschätzen, welche bei einer Explosion frei wird. Wir nehmen an, dass der physikalische Vorgang durch fünf Parameter beschrieben wird: die Zeit t, welche seit der Detonation vergangen ist, den Radius R, welchen die Schockwelle zum Zeitpunkt t hat, die Energiedichte E, den atmosphärischen Druck p, und die Dichte des Außenraumes ρ.

   Zeigen Sie, dass unter der Annahme, dass E sehr groß ist, wenige Sekunden nach der Explosion folgender Zusammenhang gilt:

$$R \approx \left(\frac{Et^2}{\rho}\right)^{\frac{1}{5}}.$$

4. Wir betrachten einen Stein, welcher von der Erdoberfläche hochgeworfen wird.
   a) Berechnen Sie die exakte maximale Höhe $y_{\max}$, welche der Stein erreichen kann.
   b) Geben Sie eine asymptotische Approximation des Zeitpunktes $t_{\max}$ der maximalen Höhe an.
   c) Bei welcher Anfangsgeschwindigkeit v_0 verlässt der Stein die Erdoberfäche für immer.

5. **Mathematisches Pendel** Die Schwingung eines Pendels verhalte sich nach

$$x''(t) + \varepsilon x'(t) + \sin(x(t)) = 0, \quad x(0) = \bar{x}, \quad x'(0) = 0,$$

wobei $\bar{x} \in \mathbb{R}$. Berechnen Sie eine formal asymptotische Entwicklung der Lösung $x_\varepsilon(t)$ bis zu erster Ordnung in ε!

6. **Mehrskalenansatz** Die Funktion $y(t)$ löse für $t > 0$ und einen kleinen Parameter $\varepsilon > 0$ das Anfangswertproblem

$$y'(t) + \varepsilon y(t) = 4, \quad y(0) = 1.$$

   a) Berechnen Sie eine Approximation der Lösung mittels formaler asymptotischer Entwicklung bis zu erster Ordnung in ε.
   b) Vergleichen Sie die in a) erhaltene Funktion mit der exakten Lösung. Für welche Zeiten t ist die Approximation aus a) gut?
   c) Um eine bessere Approximation zu finden, kann man den Ansatz

$$y = y_0(T_0, T_1) + \varepsilon y_1(T_0, T_1) + \varepsilon^2 y_2(T_0, T_1) + \cdots \quad \text{mit } T_0 = t \text{ und } T_1 = \varepsilon t$$

   versuchen. Berechnen Sie $y_0(T_0, T_1)$.

7. Für welche $\alpha \in \mathbb{R}$ sind die folgenden Anfangswertprobleme regulär oder singulär gestört?
   a) $\varepsilon y'(x) + y(x) = x, x > 0, y(0) = \alpha$;
   b) $\varepsilon y'(x) + y(x) = x, x > 0, y(0) = \varepsilon\alpha$;
   c) $y'(x) + \varepsilon y(x) = x, x > 0, y(0) = \alpha$;
   d) $y'(x) + y(x) = \varepsilon x, x > 0, y(0) = \alpha$.

   Überlegen Sie sich, in welchen normierten Räumen Sie arbeiten.

8. Gegeben sei

$$\varepsilon x'(t) = -x(t) + (t + 2\varepsilon)t, \quad x(0) = 1.$$

   Berechnen Sie eine asymptotische Näherung der exakten Lösung x_ε, welche die Anfangswerte bei $t = 0$ erfüllt. Untersuchen Sie, ob die Lösung Grenzschichtverhalten aufweist.

Mechanik

3

3.1 Punktmechanik

Wir betrachten ein System von N Massenpunkten, deren Wechselwirkung durch Zentralkräfte bestimmt ist und auf die eine zusätzliche äußere Kraft wirkt. Bezeichnen wir die Masse des i-ten Massenpunktes mit m_i und seine Lage zum Zeitpunkt t in Bezug auf den Ursprung $0 \in \mathbb{R}^3$ mit $\mathbf{r}_i(t) \in \mathbb{R}^3$, so ist die Zentralkraft dadurch charakterisiert, dass sie parallel zu $\mathbf{r}_i$ gerichtet ist.

Das *2. Newtonsche Gesetz* stellt einen Zusammenhang her zwischen dem Impuls $p_i = m_i \dot{\mathbf{r}}_i$ des i-ten Teilchens und der auf dieses einwirkenden Kräfte (f_i äußere Kräfte und f_{ij} Wechselwirkungskräfte zwischen den Teilchen m_i und m_j):

$$\dot{p}_i = \sum_{\substack{j=1 \\ j \neq i}}^{N} f_{ij} + f_i \quad (i = 1, 2, \ldots, N).$$

Nach dem 3. Newtonschen Gesetz (actio = reactio) gilt:

$$f_{ij} = -f_{ji}.$$

Bei der hier vorausgesetzten alleinigen Wirkung von Zentralkräften haben f_{ij} die Form

$$f_{ij}(\mathbf{r}_i, \mathbf{r}_j) = \frac{\mathbf{r}_i - \mathbf{r}_j}{|\mathbf{r}_i - \mathbf{r}_j|} g_{ij}(|\mathbf{r}_i - \mathbf{r}_j|) \tag{3.1}$$

mit $g_{ij}(s) = g_{ji}(s)$, $g_{ij} > 0$ abstoßende Wechselwirkung und $g_{ij} < 0$ anziehende Wechselwirkung.

K.-H. Hoffmann, G. Witterstein, *Mathematische Modellierung*, Mathematik Kompakt, DOI 10.1007/978-3-0346-0650-9_3, © Springer Basel 2014

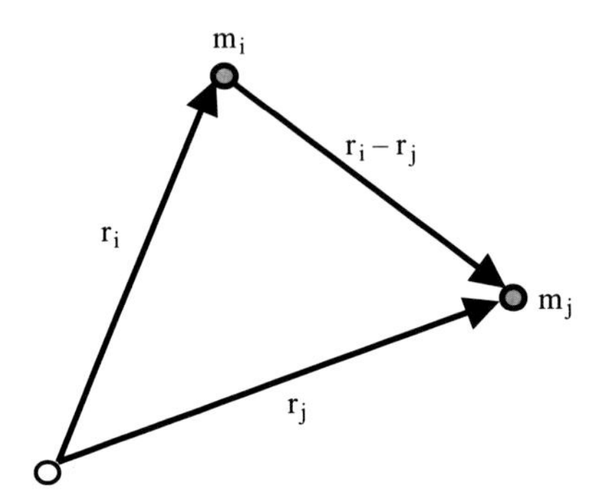

Beispiele für Zentralkräfte sind

(i) $g_{ij}(s) := -G\frac{m_i \cdot m_j}{s^2}$ Gravitation mit Gravitationskonstante G;
(ii) $g_{ij}(s) := k\frac{Q_i \cdot Q_j}{s^2}$ Coulombsches Gesetz für die elektrischen Ladungen Q_i und Q_j, k eine Konstante.

Für den Gesamtimpuls $p = \sum_{i=1}^N p_i$ der Summe der äußeren Kräfte $f = \sum_{i=1}^N f_i$ gilt

$$\begin{aligned}\dot{p} &= \sum_{i=1}^N \sum_{\substack{j=1 \\ j \neq i}}^N f_{ij} + \sum_{i=1}^N f_i = \sum_{i=1}^N \Big(\sum_{j<i} f_{ij} + \sum_{j<i} f_{ji} \Big) + f \\ &= 0 + f \quad \text{(mit dem 3. Newtonschen Gesetz).}\end{aligned}$$

Folgerung 3.1 *Die Wechselwirkungskräfte spielen für den Gesamtimpuls keine Rolle:*

Impulserhaltung.

Denn: Wenn wir $m := \sum_{i=1}^N m_i$ und $\mathbf{r}(t) := \frac{1}{m}\sum_{i=1}^N m_i \mathbf{r}_i(t)$[1] setzen, folgt

$$m\dot{\mathbf{r}} = m \cdot \frac{1}{m}\sum_{i=1}^N m_i \dot{\mathbf{r}}_i = \sum_{i=1}^N p_i = p.$$

Damit: Das Punktmassesystem kann insgesamt als eine Masse m an der Stelle $\mathbf{r}$ mit dem Impuls p betrachtet werden.

Analog zur Impulserhaltung gilt auch die Erhaltung des Drehimpulses:

Sei $L_i := (\mathbf{r}_i - \mathbf{r}_0) \times p_i$ der Drehimpuls und $M_i = (\mathbf{r}_i - \mathbf{r}_0) \times f_i$ $(i = 1, 2, \ldots, N)$ das Drehmoment um den Ruhepunkt $\mathbf{r}_0$. Ferner sei $M := \sum_{i=1}^N M_i$ das Gesamtdrehmoment und $L := \sum_{i=1}^N L_i$ der Gesamtdrehimpuls. Man rechnet nach, dass $\dot{L}_i = (\mathbf{r}_i - \mathbf{r}_0) \times \dot{p}_i$ gilt.

$$\Longrightarrow \quad \dot{L} = \sum_{i=1}^N (\mathbf{r}_i - \mathbf{r}_0) \times \dot{p}_i.$$

[1] Gewichtetes Mittel.

Mit der Antisymmetrie des Vektorproduktes $\mathbf{r}_i \times \mathbf{r}_j = -\mathbf{r}_j \times \mathbf{r}_i$ gilt:

$$\dot{L} = -\sum_{i=1}^{N} \sum_{\substack{j=1 \\ j \neq i}}^{N} \frac{\mathbf{r}_i \times \mathbf{r}_j}{|\mathbf{r}_i - \mathbf{r}_j|} g_{ij}(|\mathbf{r}_i - \mathbf{r}_j|) + M = M.$$

Folgerung 3.2 *Wechselwirkungen spielen für den Gesamtdrehimpuls keine Rolle:*

Drehimpulserhaltung.

Wir zeigen noch die Energieerhaltung des Systems. Die *kinetische Energie* des Systems ist definiert durch

$$T := \sum_{i=1}^{N} T_i := \sum_{i=1}^{N} m_i \frac{|\dot{\mathbf{r}}_i|^2}{2},$$

und die von den äußeren Kräften f_i verrichtete Leistung (Arbeit pro Zeiteinheit) ist

$$P_f := \sum_{i=1}^{N} \dot{\mathbf{r}}_i \cdot f_i \quad \Longrightarrow \quad \dot{T} = \sum_{i=1}^{N} m_i \frac{2\dot{\mathbf{r}}_i \ddot{\mathbf{r}}_i}{2} = \sum_{i=1}^{N} \dot{\mathbf{r}}_i \cdot \dot{p}_i \quad (\text{da } \dot{p}_i = m_i \ddot{\mathbf{r}}_i)$$

$$= \sum_{i=1}^{N} \dot{\mathbf{r}}_i \cdot \Big(\sum_{\substack{j=1 \\ j \neq i}}^{N} f_{ij} + f_i \Big) \quad (\text{2. Newtonsches Gesetz})$$

$$= \sum_{i=1}^{N} \sum_{\substack{j=1 \\ j \neq i}}^{N} \dot{\mathbf{r}}_i \cdot f_{ij} + P_f = \sum_{\substack{i,j=1 \\ j<i}}^{N} (\dot{\mathbf{r}}_i - \dot{\mathbf{r}}_j) f_{ij} + P_f \,^{2}$$

$$= \sum_{\substack{i,j=1 \\ j>i}}^{N} \underbrace{\frac{(\dot{\mathbf{r}}_i - \dot{\mathbf{r}}_j)(\mathbf{r}_i - \mathbf{r}_j)}{|\mathbf{r}_i - \mathbf{r}_j|}}_{=\frac{d}{dt}(|\mathbf{r}_i - \mathbf{r}_j|)} g_{ij}(|\mathbf{r}_i - \mathbf{r}_j|) + P_f$$

$$= \sum_{\substack{i,j=1 \\ j>i}}^{N} \underbrace{\frac{d}{dt}|\mathbf{r}_i - \mathbf{r}_j| g_{ij}(|\mathbf{r}_i - \mathbf{r}_j|)}_{=\frac{d}{dt}G_{ij}(|\mathbf{r}_i - \mathbf{r}_j|)} + P_f, \tag{3.2}$$

wobei für $j > i$ sei $G_{ij}(r)$ eine Stammfunktion von $g_{ij}(r)$.

---

[2] Denn:

$$\sum_{i=1}^{N} \sum_{\substack{j=1 \\ j \neq i}}^{N} \dot{\mathbf{r}}_i \cdot f_{ij} = \sum_{i=1}^{N} \sum_{\substack{j=1 \\ j>i}}^{N} \dot{\mathbf{r}}_i \cdot f_{ij} + \sum_{i=1}^{N} \sum_{\substack{j=1 \\ j<i}}^{N} \dot{\mathbf{r}}_i \cdot f_{ij} = \sum_{i=1}^{N} \sum_{\substack{j=1 \\ j>i}}^{N} \dot{\mathbf{r}}_i \cdot f_{ij} + \sum_{j=1}^{N} \sum_{\substack{i=1 \\ i<j}}^{N} \dot{\mathbf{r}}_j \cdot f_{ji}$$

$$= \sum_{i=1}^{N} \sum_{\substack{j=1 \\ j>i}}^{N} \dot{\mathbf{r}}_i \cdot f_{ij} - \sum_{j=1}^{N} \sum_{\substack{i=1 \\ i<j}}^{N} \dot{\mathbf{r}}_j \cdot f_{ij} = \sum_{\substack{i,j=1 \\ j>i}}^{N} (\dot{\mathbf{r}}_i - \dot{\mathbf{r}}_j) \cdot f_{ij}.$$

Wir definieren die potenzielle Energie durch

$$V := -\sum_{\substack{i,j=1 \\ j>i}}^{N} G_{ij}(|\mathbf{r}_i - \mathbf{r}_j|)$$

und die Gesamtenergie durch

$$E = T + V.$$

Aus (3.2) folgt dann

$$\dot{E} = \dot{T} + \dot{V} = P_f.$$

Die Gesamtenergie E hängt nur von der Verrichtung der Arbeit der äußeren Kräfte ab:

Energieerhaltung.

Als *Spezialfall* betrachten wir noch die Bewegung von Teilchen m_i in einem Festkörper mit Gitterstruktur; d. h., bei Abwesenheit von äußeren Kräften sind alle Teilchenpositionen auf einem periodischen Gitter angeordnet. Zur Vereinfachung betrachten wir die eindimensionale Modellsituation:

Wir nehmen an, dass die wirkenden Kräfte nicht zu groß sind, und führen anstelle der Positionen der Massenpunkte $\mathbf{r}_i$ ihre Verschiebung $u_i := \mathbf{r}_i - x_i$ gegenüber der Ruhelage $x_i = \mathbf{r}_i(t)\big|_{t=0}$ ein. Nach dem 2. Newtonschen Gesetz gilt dann:

$$\frac{du_i}{dt}(t) = m_i^{-1} p_i(t)$$
$$\frac{dp_i}{dt}(t) = \sum_{j=0}^{N} \frac{u_i(t) - u_j(t) + (i-j)l}{|u_i(t) - u_j(t) + (i-j)l|} g_{ij}(|u_i(t) - u_j(t) + (i-j)l|) + f_i(x_i + u_i(t), t).$$ [3]

Wir betrachten jetzt den Gleichgewichtsfall, welcher sich einstellen kann, falls f_i nicht von der Zeit abhängt. In diesem Fall stellt sich eine stationäre Situation ein, d. h., es muss gelten

$$\frac{dp_i}{dt}(t) = 0.$$

[3] Denn: $u_i(t) - u_j(t) + (i-j)l = \mathbf{r}_i(t) - x_i - \mathbf{r}_j(t) + x_j + (i-j)l = \mathbf{r}_i(t) - \mathbf{r}_j(t)$.

Als Gleichgewichtsbedingung ergibt sich dann:

$$\sum_{j=0}^{N} \frac{u_i - u_j + (i-j)l}{|u_i - u_j + (i-j)l|} g_{ij}(|u_i - u_j + (i-j)l|) + f_i(x_i + u_j) = 0.$$

Wenn die Verschiebungen klein sind im Vergleich zum Gitterabstand l, dann können wir annehmen, dass

$$|u_i - u_j + (i-j)l| \approx |(i-j)l|$$

ist

$$\Longrightarrow \quad \sum_{j=0}^{N} \frac{u_i - u_j + (i-j)l}{|(i-j)l|} g_{ij}(|(i-j)l|) + f_i(x_i + u_j) = 0.$$

Wir nehmen jetzt an, dass nur die unmittelbaren Nachbarn interagieren, das heißt $g_{ij}(s) = 0$ für $s > l$ und dass

$$g_{i\,i-1} = g_{i\,i+1} =: g$$

gilt.

i–1 i i+1

$$\Longrightarrow \quad \frac{u_i - u_{i-1}}{l} g + \frac{u_i - u_{i+1}}{l} g + f_i(x_i + u_i) = 0$$

$$\Longrightarrow \quad l^{-2}(u_{i+1} - 2u_i + u_{i-1}) = g^{-1} l^{-1} f_i(x_i + u_i).$$

Wenn keine Kräfte f_i vorliegen, so gilt für die Verschiebungen

$$l^{-2}(u_{i+1}(t) - 2u_i(t) + u_{i-1}(t)) = 0.$$

Dies ist das diskrete Analogon zur Gleichgewichtsbedingung

$$\partial_{xx} u(t,x) = 0$$

im kontinuierlichen Fall. Die Gleichgewichtsbedingung beschreibt eine räumliche Gleichverteilung der Massenpunkte.

3.2 Übergang zur Kontinuumsmechanik

Wir betrachten N Massenpunkte, welche sich nach den Newtonschen Bewegungsgleichungen verhalten. Das heißt, es gilt

$$\frac{d}{dt} m_i = 0, \tag{3.3}$$

$$\frac{d}{dt}\big(m_i \dot{\mathbf{r}}_i(t)\big) = f_{ij}(\mathbf{r}_i(t), \mathbf{r}_j(t)) + f_i(t), \tag{3.4}$$

wobei f_{ij} in (3.1) gegeben.

Wir werden nun die Äquivalenz der beiden gewöhnlichen Differentialgleichungen der Punktmechanik zu den Erhaltungssätzen der Kontinuumsphysik zeigen.

Hierzu „mitteln" wir die Massen der N Massenpunkte mit Hilfe einer Kernfunktion, um so eine „gemittelte Massendichte" zu jedem Zeitpunkt $t > 0$ definiert über den Gesamtraum $\mathbb{R}^3$ zu erhalten. Als Mittelung verwenden wir die Gaußsche Normalverteilung

$$\psi_s(x) = \frac{1}{s\sqrt{2\pi}} e^{-\frac{x^2}{2s^2}}$$

mit geeigneter Standardabweichung $s > 0$. Diese Kernfunktion erfüllt

$$\int_{\mathbb{R}^3} \psi_s(x) dx = 1.$$

Es wären aber auch andere Kernfunktionen ψ denkbar, zum Beispiel eine glatte Funktion mit kompaktem Träger.

Die „gemittelte Massendichte" definieren wir dann durch

$$\rho_s(t,x) := \sum_{i=1}^{n} m_i \psi_s(x - \mathbf{r}_i(t)).$$

Entsprechend definieren wir die „gemittelte Impulsdichte"

$$p_s(t,x) := \sum_{i=1}^{n} p_i(t)\psi_s(x - \mathbf{r}_i(t)) = \sum_{i=1}^{n} m_i \frac{d\mathbf{r}_i(t)}{dt} \psi_s(x - \mathbf{r}_i(t)).$$

Falls die gemittelte Masse $\rho_s(t,x)$ positiv ist, ist die „gemittelte Geschwindigkeit" gegeben durch

$$v_s(t,x) := \frac{p_s(t,x)}{\rho_s(t,x)} \quad \text{für } \rho_s(t,x) > 0.$$

Die Gleichungen der Punktmechanik gehen über in Gleichungen für die gemittelten Größen, und zwar in die Massenerhaltung (3.5) und die Impulserhaltung (3.6). Wie lauten nun diese Gleichungen?

Lemma 3.3 *Es gilt die Massenerhaltung*

$$\partial_t \rho_s + \operatorname{div}(p_s) = 0.$$

▶ **Bemerkung** In einem Gebiet, in dem $\rho_s(t,x)$ für alle (t,x) positiv ist, gilt die Massenerhaltung in der folgenden Form

$$\partial_t \rho_s + \operatorname{div}(\rho_s v_s) = 0. \tag{3.5}$$

Beweis Wir berechnen also

$$\begin{aligned}
\partial_t \rho_s(t,x) &= \sum_i m_i \frac{d}{dt}\Big(\psi_s(x-\mathbf{r}_i(t))\Big) = -\sum_i m_i \nabla\psi_s(x-\mathbf{r}_i(t))\frac{d\mathbf{r}_i}{dt}(t)\\
&= -\sum_i p_i(t)\nabla\psi_s(x-\mathbf{r}_i(t)) = -\operatorname{div}\Big(\sum_i p_i(t)\psi_s(x-\mathbf{r}_i(t))\Big)\\
&= -\operatorname{div}(p_s(t,x)).
\end{aligned}$$

□

Die Beziehung (3.5) ist eine partielle Differentialgleichung für die gemittelten Größen und sagt aus, dass die Gesamtmasse erhalten bleibt. Die Massenerhaltung gilt hierbei auch einzeln für jeden Massenpunkt i. Bei der Impulserhaltung ist dies nicht der Fall, da dort die Interaktion mit den umgebenden Massenpunkten j, $j \neq i$, eine Rolle spielt.

Analog zu Masse und Impuls können wir die äußere Kraft f_i mitteln und erhalten eine „gemittelte Kraftdichte“

$$\tilde{f}_s(t,x) = \sum_{i=1}^{n} f_i(t)\psi_s(x-\mathbf{r}_i(t)).$$

Wir kommen zur Impulserhaltung und gehen dazu wie bei der Herleitung von (3.5) vor.

Lemma 3.4 *Es gilt die Impulserhaltung*

$$\partial_t p_s + \operatorname{div}(\tilde{\Pi}_s) = \tilde{f}_s,$$

wobei

$$\begin{aligned}
\tilde{\Pi}_s := &\sum_{i=1}^{n} \frac{p_i(t)\otimes p_i(t)}{m_i}\psi_s(x-\mathbf{r}_i(t))\\
&+\frac{1}{2}\sum_{i,j=1}^{n} f_{ij}(t)(\mathbf{r}_i(t)-\mathbf{r}_j(t))\int_0^1 \psi_s(x-(1-\tilde{s})\mathbf{r}_i(t)-\tilde{s}\mathbf{r}_j(t))d\tilde{s}.
\end{aligned}$$

Hierbei haben wir die verkürzte Schreibweise $f_{ij}(t) = f_{ij}(\mathbf{r}_i(t), \mathbf{r}_i(t))$ verwendet.

▶ **Bemerkung** In einem Gebiet, in dem $\rho_s(t,x)$ für alle (t,x) positiv ist, gilt die Impulserhaltung in der herkömmlichen Form

$$\partial_t(\rho_s v_s) + \operatorname{div}(\rho_s v_s \otimes v_s) = \operatorname{div}\sigma_s + \rho_s f_s, \tag{3.6}$$

wobei der „Spannungstensor" σ_s und die spezifische Kraftdichte f_s gegeben sind durch

$$\begin{aligned}
\sigma_s(t,x) &:= -\sum_{i=1}^{n} \frac{(p_i(t) - m_i v_s(t,x)) \otimes (p_i(t) - m_i v_s(t,x))}{m_i} \psi_s(x - \mathbf{r}_i(t)) \\
&\quad + \frac{1}{2}\sum_{i,j=1}^{n} f_{ij}(t)(\mathbf{r}_i(t) - \mathbf{r}_j(t)) \int_0^1 \psi_s(x - (1-\tilde{s})\mathbf{r}_i(t) - \tilde{s}\mathbf{r}_j(t))d\tilde{s} \\
f_s(t,x) &:= \frac{1}{\rho_s(t,x)} \sum_{i=1}^{n} f_i(t)\psi_s(x - \mathbf{r}_i(t)).
\end{aligned}$$

Die mittleren inneren Wechselwirkungen bezeichnet man makroskopisch als Spannung. Darauf kommen wir später nochmals zurück.

Beweis Wir bilden die Zeitableitung der gemittelten Impulsdichte p

$$\partial_t p_s(t,x) = \sum_i \frac{d}{dt} p_i(t)\psi_s(x - \mathbf{r}_i(t)) - \sum_i p_i(t)\nabla\psi_s(x - \mathbf{r}_i(t))\frac{d\mathbf{r}_i}{dt}(t),$$

und mit den Bewegungsgleichungen gilt für den ersten Term

$$\sum_i \frac{d}{dt} p_i(t)\psi_s(x - \mathbf{r}_i(t)) = \sum_{i,j} f_{ij}(t)\psi_s(x - \mathbf{r}_i(t)) + \sum_i f_i(t)\psi_s(x - \mathbf{r}_i(t)). \tag{3.7}$$

Da $f_{ij} = -f_{ji}$ gilt, formen wir um

$$\begin{aligned}
\sum_{i,j} f_{ij}(t)\psi_s(x - \mathbf{r}_i(t)) &= \frac{1}{2}\sum_{i,j} f_{ij}(t)(\psi_s(x - \mathbf{r}_i(t)) - \psi_s(x - \mathbf{r}_j(t))) \\
&= \frac{1}{2}\sum_{i,j} f_{ij}(t)\int_0^1 \nabla\psi_s((1-\tilde{s})(x - \mathbf{r}_i(t)) + \tilde{s}(x - \mathbf{r}_j(t)))((x - \mathbf{r}_i(t)) - (x - \mathbf{r}_j(t)))d\tilde{s} \\
&= \frac{1}{2}\sum_{i,j} f_{ij}(t)\int_0^1 \nabla\psi_s(x - (1-\tilde{s})\mathbf{r}_i(t) - \tilde{s}\mathbf{r}_j(t)) \cdot (\mathbf{r}_i(t) - \mathbf{r}_j(t))d\tilde{s} \\
&= \operatorname{div}\left(\frac{1}{2}\sum_{i,j} f_{ij}(t)(\mathbf{r}_i(t) - \mathbf{r}_j(t))\int_0^1 \psi_s(x - (1-\tilde{s})\mathbf{r}_i(t) - \tilde{s}\mathbf{r}_j(t))d\tilde{s}\right).
\end{aligned}$$

Weiter gilt für den zweiten Term

$$
\begin{aligned}
-\sum_i p_i(t)\nabla\psi_s(x-\mathbf{r}_i(t))\frac{d\mathbf{r}_i}{dt}(t) \\
&= -\operatorname{div}\Big(\sum_{i=1}^n \frac{p_i(t)\otimes p_i(t)}{m_i}\psi_s(x-\mathbf{r}_i(t))\Big) \\
&= -\operatorname{div}\Big(\rho_s(t,x)v_s(t,x)\otimes v_s(t,x) \\
&\quad + \sum_{i=1}^n \frac{(p_i(t)-m_i v_s(t,x))\otimes(p_i(t)-m_i v_s(t,x))}{m_i}\psi_s(x-\mathbf{r}_i(t))\Big).
\end{aligned}
$$

Hierbei ist $x \otimes y := (x_i y_j)_{i,j=1}^n$ das Tensorprodukt der Vektoren $x = (x_1, \ldots, x_n)^T$ und $y = (y_1, \ldots, y_n)^T$. □

Es ist klar, dass die Entfernung der einzelnen Punkte klein gegenüber s sein sollte. Gleichzeitig lässt man s gegen Null konvergieren. Wenn man auf diese Art und Weise einen kontinuierlichen Limes erhalten will, sollte der essenzielle Träger der Kernfunktion genügend viele Massenpunkte enthalten. Mathematisch nennt man einen solchen Limes den *hydrodynamischen Grenzübergang*.

3.3 Kontinuumsmechanik

In der Kontinuumsmechanik sind alle relevanten physikalischen Größen auf einem Kontinuum erklärt. Das bedeutet, die mikroskopische Struktur der Materie wird vernachlässigt. Das Hauptpostulat der Kontinuumsphysik ist die Erhaltungsgleichung. Diese besagt

Die zeitliche Änderung einer gegebenen physikalischen Größe in einem Gebiet	+	die über den Rand des Gebietes zu- oder abgeführten Anteile der physikalischen Größe	=	die im Gebiet erzeugten oder vernichteten Anteile der physikalischen Größe.

Mathematisch schreiben wir: Es gilt für alle Testvolumina U mit $U \subset \Omega \subset \mathbb{R}^3$

$$\frac{d}{dt}\int_U \varphi(t,x)dx + \int_{\partial U}\psi(t,x,\vec{n}(x))ds_x = \int_U r(t,x)dx. \tag{3.8}$$

Hierbei sind $\varphi : \mathbb{R}_+ \times \Omega \to \mathbb{R}$ die Dichte einer physikalische Größe, $\psi : \mathbb{R}_+ \times \Omega \times \mathbb{R}^3 \to \mathbb{R}$ der zur physikalischen Größe φ gehörige physikalische Fluss und $r : \mathbb{R}_+ \times \Omega \to \mathbb{R}$ eine Reaktionsrate. Alle Größen sind im Euklidischen Raum $\mathbb{R}_+ \times \Omega \subset \mathbb{R}_+ \times \mathbb{R}^3$ gegeben. Als Testvolumina U sind nur Gaußgebiete zugelassen. Des Weiteren haben wir angenommen, dass das Cauchy-Axiom gilt.

Cauchy-Axiom: Der physikalische Fluss ist eine Funktion, welche von der äußeren Normalen $\vec{n}$ abhängt, d. h.

$$\psi = \psi(t, x, \vec{n}).$$

Wir definieren die zu φ gehörige Gesamtheit $\Phi(t, U)$ im Testvolumen U für alle Zeiten $t > 0$ durch

$$\Phi(t, U) = \int_U \varphi(t, x) dx.$$

Somit gibt der erste Term in (3.8) die zeitliche Änderung der physikalischen Größe φ in der Region U an. Diese Änderung ist gleich dem, was durch den Fluss ψ über den Rand von U hinaus- oder hineinfließt, und dem was durch die Reaktionsrate r in U produziert oder vernichtet wird.

Wir betrachten nun den Oberflächenterm

$$\int_{\partial U} \psi(t, x, \vec{n}) ds_x.$$

Wir werden im nächsten Satz zeigen, dass der physikalische Fluss linear vom Normalenvektor $\vec{n}$ abhängt.

Satz von Cauchy 3.1 (Existenz des Flussvektors) *Es gelte das Cauchy-Axiom, und die Funktionen φ, ψ und r seien hinreichend glatt. Dann gilt:*

$$\forall x \in \partial U, t > 0 \; \exists \tilde{\psi} = (\tilde{\psi}_i)_{i=1}^3 : \mathbb{R}_+ \times \partial U \to \mathbb{R}^3 \quad \textit{mit}$$
$$\psi(t, x, \vec{n}(x)) = \tilde{\psi}(t, x) \cdot \vec{n}(x) = \sum_{i=1}^{3} \tilde{\psi}_i(t, x) n_i(x).$$

Beweis Grundlegend für den Beweis ist die eingführte Erhaltungsgleichung (3.8). Wir definieren $\tilde{\psi}$ als

$$\tilde{\psi}(t, x) = \big(\tilde{\psi}_1(t, x), \tilde{\psi}_2(t, x), \tilde{\psi}_3(t, x)\big)$$

mit

$$\tilde{\psi}_i(t, x) := \psi(t, x, \vec{e}_i) \quad i = 1, 2, 3.$$

Für $\vec{n} \in \mathbb{R}^3$, $|\vec{n}| = 1$ und $n_j > 0$ betrachten wir das Tetraeder $V \subset \mathbb{R}^3$ mit den Seitenflächen $S_j := \partial V \cap \{x \in \mathbb{R}^3 : x_j = 0\}$ und $S = \partial V \setminus \bigcup_{j=1}^3 S_j$, wobei $\vec{n}$ die Normale auf die Seitenfläche S ist

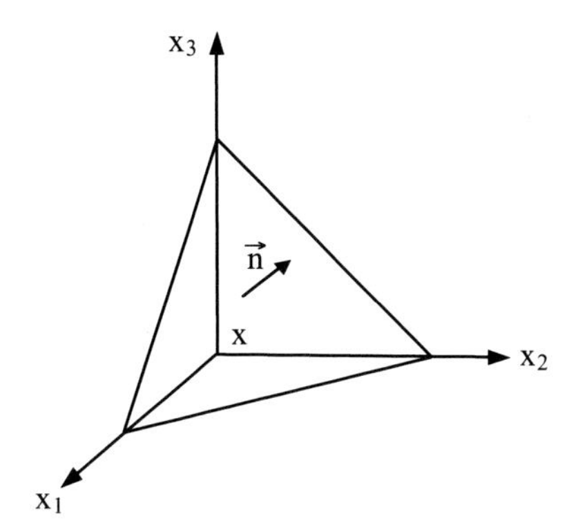

Der Inhalt $|S_j|$ der Seitenfläche S_j ist die Projektion von $|S|$ auf n_j

$$|S_j| = |S| n_j \quad (j = 1, 2, 3).$$

Wir wenden jetzt die Erhaltungsgleichung (3.8) auf $U \equiv V$ an. Mit Hilfe des Mittelwertsatzes der Integralrechnung können wir schreiben

$$|V|\big(\partial_t \varphi(t,\xi) - r(t,\xi)\big) = \sum_{k=1}^{3} |S_k| \psi(t, \eta^{(k)}, -\vec{e}_k) + |S| \psi(t, \eta^{(0)}, \vec{n})$$

mit „Zwischenwerten" $\xi \in V$, $\eta^{(k)} \in S_k$ und $\eta^{(0)} \in S$. Der Grenzübergang $|S| \to 0$ liefert $\frac{|V|}{|S|} \to 0$ und $\frac{|S_k|}{|S|} = n_k$ (siehe oben) und damit

$$0 = \sum_{k=1}^{3} \psi(t, x, -\vec{e}_k) n_k + \psi(t, x, \vec{n}).$$

Wir hatten ψ als hinreichend glatt vorausgesetzt. Folglich gilt nach dem Grenzübergang $\vec{n} \to \vec{e}_j$ $(j = 1, 2, 3)$ die Identität

$$\psi(t, x, -\vec{e}_j) = -\psi(t, x, \vec{e}_j).$$

Dies besagt, dass in jedem Punkt $x \in \Omega$ ein Gleichgewicht herrscht. Man erhält also insgesamt

$$\psi(t, x, \vec{n}(x)) = \sum_{k=1}^{3} \psi(t, x, \vec{e}_k) n_k(x) = \tilde{\psi}(t, x) \cdot \vec{n}(x). \qquad \square$$

Wir wenden den Satz von Cauchy 3.1 an

$$\psi(t, x, \vec{n}) = \tilde{\psi}(t, x) \cdot \vec{n}(x)$$

und erhalten, eingesetzt in die Erhaltungsgleichung (3.8),

$$\frac{d}{dt}\int_U \varphi(t,x)dx + \int_{\partial U} \tilde{\psi}(t,x)\cdot\vec{n}(x)ds_x = \int_U r(t,x)dx. \tag{3.9}$$

Unter Benutzung des Gaußschen Satzes erhalten wir für das Volumen U

$$\int_U \partial_t\varphi(t,x)dx + \int_U \operatorname{div}(\tilde{\psi}(t,x))dx = \int_U r(t,x)dx.$$

Diese Gleichung gilt nun für jedes beliebige Testvolumen U, welches Teilmenge eines gegebenen Gebietes $\Omega \subset \mathbb{R}^3$ ist. Das heißt, es gilt folglich die differenzielle Form der Erhaltungsgleichung

$$\partial_t\varphi(t,x) + \operatorname{div}(\tilde{\psi}(t,x)) = r(t,x) \quad (t,x) \in \mathbb{R}_+ \times \Omega. \tag{3.10}$$

Wir möchten im Folgenden die drei gängigsten Gleichungen der Kontinuumsmechanik herleiten. Das sind die Massenerhaltung, Impulserhaltung und Energieerhaltung.

Massenerhaltung Wir nehmen an, es existiere eine Massendichte ρ, welche in einem Geschwindigkeitsfeld v transportiert wird. Der zur Massendichte gehörige Flussvektor $\tilde{\psi}_\rho$ enthält den Anteil der Massendichte ρ, welcher mit dem Geschwindigkeitsfeld v über den Rand eines Volumens U transportiert wird. Das heißt, es ist

$$\tilde{\psi}_\rho = \rho v + J, \tag{3.11}$$

wobei J weitere Flussvektoren darstellen. Dies kann zum Beispiel die Diffusion sein. Eingesetzt in die Erhaltungsgleichung (3.10) bekommen wir

$$\partial_t\rho + \operatorname{div}(\rho v + J) = r.$$

Gehen wir nun davon aus, dass keine Masse ρ im Testvolumen U produziert wird, d. h. $r = 0$, und dass es keinen weiteren Massenfluss über den Rand von U gibt, d. h. $J = 0$, dann folgt die Massenerhaltung

$$\partial_t\rho + \operatorname{div}(\rho v) = 0. \tag{3.12}$$

Diese Gleichung wird auch (differenzielle) *Kontinuitätsgleichung* genannt.

Dass der Flussvektor $\tilde{\psi}_\rho$ auch nur die in (3.11) angegebene Form haben kann, folgt aus der Beobachterunabhängigkeit. Die Beobachterunabhängigkeit ist ein grundlegendes physikalisches Prinzip, welches wir in Kapitel 3.6 einführen. Eine ausführliche Darstellung zu $\tilde{\psi}_\rho$ wird in [1] und [18] gegeben

Impulserhaltung Die Impulsdichte ist definiert durch $\rho v : \mathbb{R}_+ \times \Omega \to \mathbb{R}^3$. Zu jedem $i \in \{1,2,3\}$ gibt es einen Impulsfluss $\tilde{\psi}_{v,i}$ und eine Reaktionsrate $r_{v,i}$. Der Impulsfluss ist gegeben durch

$$\tilde{\psi}_{v,i} = \rho v_i v - \sigma_i .$$

Der erste Summand ist ein Transportterm, welcher angibt, wie viel Impulsdichte ρv_i im Geschwindigkeitsfeld v über den Rand eines Testvolumens U transportiert wird. Der zweite Summand ist eine flächenbezogene Kraftdichte $\sigma_i : \mathbb{R}_+ \times \partial U \to \mathbb{R}^3$. Die Reaktionsrate $r_{v,i}$ ist gegeben durch

$$r_{v,i} = \rho f_i,$$

wobei $f : U \to \mathbb{R}^3$ eine massenbezogene Kraftdichte darstellt. Eingesetzt in die Erhaltungsgleichung (3.10) ergibt

$$\partial_t(\rho v_j) + \operatorname{div}(\rho v_j v) = (\operatorname{div}\sigma)_j + \rho f_j. \tag{3.13}$$

Bei $\operatorname{div}\sigma(t,x)$ handelt es sich um die „Matrixdivergenz", definiert durch

$$\operatorname{div}\sigma(t,x) = \left(\sum_{k=1}^{3} \frac{\partial}{\partial x_k}\sigma_{jk}(t,x)\right)_{j=1}^{3}.$$

Der Term σ ist der Spannungstensor. Er beschreibt die inneren Wechselwirkungskräfte zwischen den Teilchen, aus denen das Medium aufgebaut ist. Dies haben wir in Abschn. 3.2 bereits hergeleitet. Der Spannungstensor kann den Druck und die Viskosität enthalten. Im Unterschied dazu ist die massenbezogene Kraftdichte f eine äußere Kraft, zum Beispiel die Gravitation.

Lemma 3.5 *Es gelte die Massenerhaltung* (3.12). *Die Impulserhaltung* (3.13) *ist äquivalent zu*

$$\rho\partial_t v_j + \rho v \cdot \nabla v_j - \left(\operatorname{div}\sigma\right)_j = \rho f_j.$$

Beweis Die Kontinuitätsgleichung (3.12) eingesetzt in die Impulserhaltung (3.13) ergibt

$$-\operatorname{div}(\rho v)v_j + \rho\partial_t v_j + \operatorname{div}(\rho v_j v) - (\operatorname{div}\sigma)_j = \rho f_j.$$

Da $\operatorname{div}(\rho v_j v) = \operatorname{div}(\rho v)v_j + \rho v \cdot \nabla v_j$ gilt, ergibt sich somit

$$\rho\partial_t v_j + \rho v \cdot \nabla v_j - (\operatorname{div}\sigma)_j = \rho f_j.$$

Obige Überlegung funktioniert auch umgekehrt. □

Energieerhaltung Es sei e die Gesamtenergie eines Systems und $\tilde{\psi}_e$ und r_e, der zu e gehörige Flussvektor und Reaktionsterm. Die Gesamtenergie e setzt sich zusammen aus kinetischer Energie und innerer Energie

$$e = \frac{1}{2}\rho|v|^2 + \rho u.$$

Hier ist u die massenbezogene Dichte der inneren Energie, d. h., die spezifische innere Energie. Der Flussvektor $\tilde{\psi}_e$ enthält denjenigen Teil der Energie, welcher mit der Geschwindigkeit v über den Rand eines Testvolumens transportiert wird. Weiterhin sind die durch Oberflächenkräfte zugeführte Leistung $-\sigma^T v$ und der Wärmefluss q enthalten. Somit ergibt sich

$$\tilde{\psi}_e = ev - \sigma^T v + q.$$

Die Reaktionsrate r_e enthält die durch äußere Volumenkräfte zugeführte Leistung $\rho f \cdot v$ und die zugeführte Energie durch (äußere) Wärmequellen ρg.

$$r_e = \rho f \cdot v + \rho g.$$

Die Funktion g ist eine massenbezogene Dichte von Wärmequellen.

Eingesetzt in die Erhaltungsgleichung (3.10) ergibt sich der Energieerhaltungssatz

$$\partial_t\left(\rho\left(\frac{1}{2}|v|^2 + u\right)\right) + \operatorname{div}\left(\rho\left(\frac{1}{2}|v|^2 + u\right)v - \sigma^T v + q\right) = \rho f \cdot v + \rho g. \tag{3.14}$$

Lemma 3.6 *Es gelte die Massenerhaltung* (3.12) *und die Impulserhaltung* (3.13). *Die Energieerhaltung* (3.14) *ist äquivalent zu*

$$\rho\partial_t u + \rho v \cdot \nabla u - \sigma : Dv + \operatorname{div} q - \rho g = 0.$$

Hierbei ist

$$Dv := \begin{pmatrix} \partial_{x_1} v_1 & \partial_{x_2} v_1 & \partial_{x_3} v_1 \\ \partial_{x_1} v_2 & \partial_{x_2} v_2 & \partial_{x_3} v_2 \\ \partial_{x_1} v_3 & \partial_{x_2} v_3 & \partial_{x_3} v_3 \end{pmatrix}$$

die Matrix der Ableitungen der Komponenten von v und $A : B := \sum_{j,k=1}^{3} a_{jk} b_{jk}$ das „Skalarprodukt" der Matrizen A und B.

Beweis Es ist

$$-\operatorname{div}(\sigma^T v) = -\operatorname{div}\sigma \cdot v - \sigma : Dv.$$

Weiter betrachten wir nur den kinetischen Anteil der Energie und erhalten mit der Massen- und Impulserhaltung

$$\begin{aligned}\partial_t\left(\frac{1}{2}\rho|v|^2\right) + \operatorname{div}\left(\frac{1}{2}\rho|v|^2 v\right) &= \frac{1}{2}\partial_t\rho|v|^2 + \rho v\cdot\partial_t v + \frac{1}{2}\operatorname{div}(\rho v)|v|^2 + \left[\rho(v\cdot\nabla)v\right]\cdot v\\ &= \rho v\cdot\partial_t v + \left[\rho(v\cdot\nabla)v\right]\cdot v\\ &= \operatorname{div}\sigma\cdot v + \rho f\cdot v.\end{aligned}$$

Weiter haben wir mit der Massenerhaltung

$$\partial_t(\rho u) + \operatorname{div}\left(\rho u v\right) = \rho\partial_t u + \rho v\cdot\nabla u.$$

Setzen wir diese Identitäten in (3.14) ein, dann erhalten wir die Behauptung und umgekehrt. □

Wir fassen jetzt alle Gleichungen zusammen.

Grundgleichungen der Kontinuumsmechanik

Kontinuitätsgleichung:	$\partial_t\rho + \operatorname{div}(\rho v) = 0$
Impulserhaltungsgleichung:	$\rho\partial_t v + \rho\,(v\cdot\nabla)v - \operatorname{div}\sigma = \rho f$
Energieerhaltung:	$\rho\partial_t u + \rho v\cdot\nabla u - \sigma : Dv + \operatorname{div} q = \rho g.$

Die Grundgleichungen der Kontinuumsmechanik gelten für feste, flüssige und gasförmige Körper, welche aus allen möglichen Materialien bestehen können. Um einen bestimmten Körper aus einem bestimmten Material zu modellieren, treten zu den Grundgleichungen noch materialabhängige Beziehungen hinzu, sogenannte *konstitutive Gleichungen.*

Es werden in der Kontinuumsphysik grundsätzlich zwei Richtungen unterschieden. Erstens: Bei Flüssigkeiten und Gasen sind die Veränderlichen in den Erhaltungsgleichungen ρ, v und u, und die Unbekannten σ, q, J, f und g werden in den konstitutiven Gleichungen festgelegt. Zweitens: Bei Festkörpern sind die Veränderlichen ρ und u, und die Unbekannten σ, q, J, f, g und v werden in den konstitutiven Gleichungen festgelegt. Weiterhin wird eine neue Veränderliche $\mathbf{x}$ gesucht, welche bestimmt wird durch $v(t,x) := \partial_t\mathbf{x}(t,\chi)$ mit $x = \mathbf{x}(t,\chi)$. Es sind x die Euler-Koordinaten[4] und χ die Lagrange-Koordinaten.

[4] Euler, Leonhard: 1707–1783, Mathematiker. Sehr vielseitig und extrem produktiv – arbeitete auf den Gebieten der Differential- und Intergalrechnung, Algebra, Zahlentheorie, Mechanik und Hydrodynamik, Sozial- und Wirtschaftswissenschaften. In der Hydrodynamik gehen auf ihn die Eulergleichungen zurück, welche die Strömung von reibungsfreien Fluiden beschreiben, als auch die Turbinengleichung.

3.4 Lagrange-Koordinaten

Wir betrachten ein Gebiet $\Omega \subset \mathbb{R}^3$ und nennen es die Referenzkonfiguration. Dies kann zum Beispiel die Menge aller möglichen Anfangssituationen χ eines Partikels zur Zeit $t = 0$ sein. Der zeitliche Verlauf der Position $\chi \in \Omega$ wird beschrieben durch eine Abbildung (z. B. die Lösung eines Anfangswertproblems mit Anfangswert χ)

$$t \mapsto \mathbf{x}(t, \chi)$$

mit $t \in [0, \infty)$.

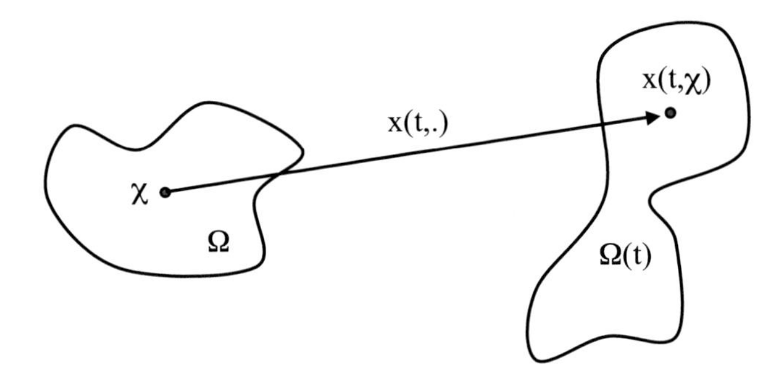

Wir machen folgende Annahmen zur Abbildung $\mathbf{x}$:

(i) $\mathbf{x}(0, \chi) = \chi$,
(ii) $(t, \chi) \mapsto \mathbf{x}(t, \chi)$ ist stetig differenzierbar,
(iii) $\Omega \ni \chi \mapsto \mathbf{x}(t, \chi) = x \in \mathbf{x}(t, \Omega)$ ist invertierbar $\forall\, t \geq 0$,
(iv) Die Jacobi-Determinante

$$J(t, \chi) := \det F(t, \chi), \quad \text{wobei } F(t, \chi) := \left(\partial_{\chi_k} \mathbf{x}_j\right)_{j,k=1}^{3} (t, \chi)$$

ist für alle $t \geq 0$ positiv:

$$J(t, \chi) > 0 \quad \forall\, t \geq 0,\ \forall\, \chi \in \Omega.$$

Die Bezeichnungen χ bzw. x beziehen sich auf zwei Typen von Koordinaten:

- *Materielle* oder *Lagrange*-Koordinaten χ: Ein fester Materiepunkt wird betrachtet und seine Bewegung in der Zeit t verfolgt.
- *Euler*-Koordinaten $x = \mathbf{x}(t, \chi)$: Es wird ein fester Punkt im Raum betrachtet. Dabei wird verfolgt, welche Materiepunkte sich zu welchen Zeitpunkten t an dieser Stelle befinden.

Wir bezeichnen die Beschreibung einer Variablen in Lagrange-Koordinaten durch Großbuchstaben $\Phi(t, \chi)$ *und* in Euler-Koordinaten durch Kleinbuchstaben $\varphi(t, x)$.

Oder anders ausgedrückt

- $\Phi(t,\chi)$ ist die Lage des Materiepunktes zur Zeit t, der in der Referenzkonfiguration an der Stelle χ war.
- $\varphi(t,x)$ beschreibt den Materiepunkt, der zur Zeit t an der Stelle x ist.

Es gilt somit

$$\varphi(t,x) = \varphi(t,\mathbf{x}(t,\chi)) = \Phi(t,\chi).$$

Mit der Kettenregel gilt

$$\partial_t\varphi(t,\mathbf{x}(t,\chi)) = \partial_t\Phi(t,\chi) = \partial_t\varphi(t,\mathbf{x}(t,\chi)) + \nabla_x\varphi(t,\mathbf{x}(t,\chi))\cdot\partial_t\mathbf{x}(t,\chi).$$

Bezeichnung

- $V(t,\chi) := \partial_t\mathbf{x}(t,\chi)$ Geschwindigkeit des Materiepunktes χ in Lagrange-Koordinaten;
- $v(t,x) := V(t,\chi)$ Geschwindigkeit des Materiepunktes x in Euler-Koordinaten.

Definition 3.7

$$D_t\varphi(t,x) := \partial_t\varphi(t,x) + \nabla\varphi(t,x)\cdot v(t,x)$$

heißt *materielle Ableitung* von φ nach t.

Sie beschreibt die Änderung der durch φ im Eulerschen Koordinatensystem definierten Größen für einen festen Materiepunkt, der sich zum Zeitpunkt t an der Stelle x befindet und mit der Geschwindigkeit $v(t,x)$ bewegt.

Bezeichnung 3.8

- *Bahnlinien* sind Lösungen der Differentialgleichung

$$\dot{y}(t) = v(t,y(t)).$$

Sie geben an, welche Kurve ein Materiepunkt im Laufe der Zeit t durchläuft.

- *Stromlinien* für einen festen Zeitpunkt t sind Lösungen der Differentialgleichung

$$z'(s) := v(t,z(s)).$$

Sie beschreiben eine *Momentaufnahme* des Geschwindigkeitsfeldes zum Zeitpunkt t.

Wir untersuchen die Verformung eines Gebietes mit Referenzkonfiguration Ω. Es sei $\Omega(t) := \{\mathbf{x}(t,\chi) : \chi\in\Omega\}$ das Gebiet zum Zeitpunkt t. Für die *Volumenänderung* des Gebietes $\Omega(t)$ gilt

$$|\Omega(t)| = \int_{\Omega(t)} 1\,dx = \int_\Omega J(t,\chi)\,d\chi$$

mit der Jacobi-Determinante $J(t,\chi)$.

Wir beweisen jetzt die Eulersche Entwicklungsformel.

Lemma 3.9 (Eulersche Entwicklungsformel) *Die Abbildung* $(t,\chi) \mapsto \mathbf{x}(t,\chi)$ *erfülle die Bedingung* (i)–(iv), *und* $(t,\chi) \mapsto \partial_t \mathbf{x}(t,\chi)$ *sei stetig differenzierbar. Dann gilt:*

$$\partial_t J(t,\chi) = \operatorname{div}\big(v(t,x)\big)\big|_{x=\mathbf{x}(t,\chi)} J(t,\chi).$$

Beweis Es gilt nach Voraussetzung

$$\partial_t \partial_{\chi_j} \mathbf{x}(t,\chi) = \partial_{\chi_j} \partial_t \mathbf{x}(t,\chi) = \partial_{\chi_j} V(t,\chi)$$

und weiter

$$\partial_{\chi_j} V_i(t,\chi) = \partial_{\chi_j} v_i(t,\mathbf{x}(t,\chi)) = \sum_{k=1}^{3} \partial_{x_k} v_i(t,\mathbf{x}(t,\chi)) \partial_{\chi_j} \mathbf{x}_k(t,\chi).$$

Dann folgt

$$\begin{aligned}
\partial_t J(t,\chi) &= \partial_t \Big(\sum_{\pi \in P_3} \operatorname{sign}\pi \prod_{j=1}^{3} \partial_{\chi_{\pi(j)}} \mathbf{x}_j(t,\chi) \Big)^{5} \\
&= \sum_{\pi \in P_3} \operatorname{sign}\pi \sum_{i=1}^{3} \prod_{\substack{j=1 \\ j \neq i}}^{3} \partial_{\chi_{\pi(j)}} \mathbf{x}_j(t,\chi) \partial_t \partial_{\chi_{\pi(i)}} \mathbf{x}_i(t,\chi) \quad \text{(Produktregel)}.
\end{aligned}$$

Dabei ist P_3 die Menge der Permutationen von $\{1,2,3\}$. Weiter gilt

$$\begin{aligned}
\partial_t \partial_{\chi_{\pi(i)}} \mathbf{x}_i(t,\chi) &= \partial_{\chi_{\pi(i)}} \partial_t \mathbf{x}_i(t,\chi) \\
&= \partial_{\chi_{\pi(i)}} v_i(t,\mathbf{x}(t,\chi)) = \sum_{k=1}^{3} \partial_{x_k} v_i(t,\mathbf{x}(t,\chi)) \partial_{\chi_{\pi(i)}} \mathbf{x}_k(t,\chi)
\end{aligned}$$

$$\Longrightarrow \quad \partial_t J(t,\chi) = \sum_{i=1}^{3} \sum_{k=1}^{3} \partial_{x_k} v_i \underbrace{\sum_{\pi \in P_3} \operatorname{sign}\pi\, \partial_{\chi_{\pi(i)}} \mathbf{x}_k \prod_{\substack{j=1 \\ j \neq i}} \partial_{\chi_{\pi(j)}} \mathbf{x}_j}_{= \det(\partial_\chi \tilde{\mathbf{x}}^{i,k})}$$

mit

$$\tilde{\mathbf{x}}^{i,k}(t,\chi) = \begin{pmatrix} \mathbf{x}_1(t,\chi) \\ \mathbf{x}_k(t,\chi) \\ \mathbf{x}_3(t,\chi) \end{pmatrix} \quad \leftarrow i\text{-te Komponente}.$$

[5] $\operatorname{sign}\pi = +1$ für π gerade Permutation von $\{1,2,3\}$, $\operatorname{sign}\pi = -1$ für π ungerade Permutation von $\{1,2,3\}$.

Es ist somit

$$\det\left(\partial_\chi \tilde{\mathbf{x}}^{i,k}\right) = \delta_{ik} J(t,\chi), \quad \delta_{ik} := \begin{cases} 1 & \text{für } i = k, \\ 0 & \text{für } i \neq k. \end{cases}$$

Daher folgt

$$\partial_t J(t,\chi) = \sum_{i=1}^{3} \partial_{x_i} v_i(t,\mathbf{x}(t,\chi)) J(t,\chi) = \operatorname{div}\left(v(t,x)\right)_{|x=\mathbf{x}(t,\chi)} J(t,\chi). \qquad \square$$

Folgerung 3.10 *Für das Volumen*

$$|\Omega(t)| = \int_{\Omega(t)} 1\, dx = \int_{\Omega} J(t,\chi) d\chi$$

gilt

$$\partial_t |\Omega(t)| = \int_{\Omega(t)} \operatorname{div} v(t,x) dx.$$

Satz 3.11 (Reynoldssches Transporttheorem[6]) *Die Abbildung* $(t,\chi) \mapsto \mathbf{x}(t,\chi)$ *erfülle die Bedingungen* (i)–(iv) *und die Funktionen* $(t,\chi) \mapsto \partial_t \mathbf{x}(t,\chi)$ *und* $(t,x) \mapsto \varphi(t,x)$ *seien stetig differenzierbar. Dann gilt*

$$\frac{d}{dt} \int_{\Omega(t)} \varphi(t,x) dx = \int_{\Omega(t)} \left[\partial_t \varphi(t,x) + \operatorname{div}\left(\varphi(t,x) v(t,x)\right)\right] dx.$$

Beweis Mit der Kettenregel und Lemma 3.9 gilt:

$$\begin{aligned}
\frac{d}{dt} \int_{\Omega(t)} \varphi(t,x) dx &= \frac{d}{dt} \int_{\Omega} \varphi(t,\mathbf{x}(t,\chi)) J(t,\chi) d\chi = \int_{\Omega} \frac{d}{dt} \left[\varphi(t,\mathbf{x}(t,\chi)) J(t,\chi)\right] d\chi \\
&= \int_{\Omega} \Big[\partial_t \varphi(t,\mathbf{x}(t,\chi)) + \sum_{k=1}^{3} \partial_{x_k} \varphi(t,\mathbf{x}(t,\chi)) V_k(t,\chi) \\
&\qquad + \varphi(t,\mathbf{x}(t,\chi)) \operatorname{div}\left(v(t,x)\right)_{|x=\mathbf{x}(t,\chi)}\Big] J(t,\chi)\, d\chi \\
&= \int_{\Omega(t)} \Big(\underbrace{\partial_t \varphi(t,x)}_{\substack{\text{Einfluss der Änderung} \\ \text{der Größe } \varphi(t,x)}} + \underbrace{\operatorname{div}(\varphi(t,x) v(t,x))}_{\substack{= \int_{\partial\Omega(t)} \varphi(t,x) v(t,x) \cdot \vec{n}(t,x) ds_x \\ \text{Änderungsrate durch die Verformung} \\ \text{des Randes } \partial\Omega(t) \text{ von } \Omega(t)}} \Big) dx. \qquad \square
\end{aligned}$$

[6] Reynolds, Osborne: 1842–1912, britischer Physiker. Wesentliche Beiträge in der Strömungsmechanik und zum Wärmetransport zwischen Festkörpern und Flüssigkeiten.

3.5 Drehimpulserhaltung

Die Drehimpulserhaltung ist keine zusätzlich den physikalischen Prozess bestimmende Erhaltungsgleichung. Sie stellt eine weitere Eigenschaft dar und liefert die Symmetrie des Spannungstensors σ. Damit gehört sie inhaltlich zu den konstitutiven Gesetzen.

Drehimpulserhaltung Der Drehimpuls L einer Masse m an der Position x bezüglich des Drehpunktes $x^{(0)}$ und der Geschwindigkeit v ist

$$L = (x - x^{(0)}) \times (mv).$$

Bei einer am Massenpunkt angreifenden Kraft F ist das *Drehmoment*

$$M = (x - x^{(0)}) \times F.$$

Die Erhaltung des Drehmomentes besagt

$$\frac{d}{dt} L(t) = M(t)$$

oder auf die Kontinuumsmechanik übertragen:

$$\underbrace{\frac{d}{dt}\int_{\Omega(t)} (x - x^{(0)}) \times (\rho v)\, dx}_{\substack{\text{zeitliche Veränderung des} \\ \text{Drehimpulses des Gebietes } \Omega(t)}} = \underbrace{\int_{\Omega(t)} (x - x^{(0)}) \times (\rho f)\, dx}_{\substack{\text{von den Volumenkräften} \\ \text{bewirktes Drehmoment}}} + \underbrace{\int_{\partial\Omega(t)} (x - x^{(0)}) \times (\sigma \cdot \vec{n}) ds_x}_{\substack{\text{von den Oberflächenkräften} \\ \text{bewirktes Drehmoment}}}.$$

Notation Seien $a, b \in \mathbb{R}^3$.

$$(a \times b)_i = \sum_{j,k=1}^{3} \varepsilon_{ijk} a_j b_k$$

mit

$$\varepsilon_{ijk} := \begin{cases} 1 & \text{für gerade Permutation } \{i,j,k\} \text{ von } \{1,2,3\}, \\ -1 & \text{für ungerade Permutation } \{i,j,k\} \text{ von } \{1,2,3\}, \\ 0 & \text{sonst.} \end{cases}$$

Wir wollen das Reynoldssche Transporttheorem 3.11 auf

$$\frac{d}{dt}\int_{\Omega(t)}(x-x^{(0)})\times(\rho v)\,dx$$

anwenden. Dazu führen wir zunächst folgende Nebenrechnung durch:

$$\begin{aligned}
\operatorname{div}\big(((x-x^{(0)})\times\rho v)_i v\big) &= \sum_{j,k,l=1}^{3}\partial_{x_j}\big(\varepsilon_{ikl}(x_k-x_k^{(0)})\rho\, v_l v_j\big)\\
\text{(Produktregel)}\quad &= \sum_{j,k,l=1}^{3}\varepsilon_{ikl}\delta_{jk}\rho\, v_l v_j + \sum_{j,k,l=1}^{3}\varepsilon_{ikl}(x_k-x_k^{(0)})\partial_{x_j}(\rho\, v_l v_j)\\
&= (x-x^{(0)})\times\Big(\sum_{j=1}^{3}\partial_{x_j}(\rho\, v_j v)\Big)\quad\text{(hängt nicht von } i \text{ ab!).}
\end{aligned}$$

Auf $\varphi(t,x) := (x-x^{(0)})\times(\rho v)$ wird jetzt das Reynoldssche Transporttheorem 3.11 angewandt

$$\frac{d}{dt}\int_{\Omega(t)}(x-x^{(0)})\times(\rho v)\,dx = \int_{\Omega(t)}(x-x^{(0)})\times\Big(\partial_t(\rho v)+\sum_{j=1}^{3}\partial_{x_j}(\rho\, v_j v)\Big)\,dx.$$

Zusammen ergibt das den Drehimpulserhaltungssatz

$$\begin{aligned}
&\int_{\Omega(t)}(x-x^{(0)})\times\Big(\partial_t(\rho v)+\sum_{j=1}^{3}\partial_{x_j}(\rho\, v_j v)\Big)\,dx\\
&\quad= \int_{\Omega(t)}(x-x^{(0)})\times(\rho f)\,dx + \int_{\partial\Omega(t)}(x-x^{(0)})\times(\sigma\cdot\vec{n})\,ds_x.
\end{aligned}$$

Eine wichtige Konsequenz aus der Drehimpulserhaltung ist

Satz 3.12 *Unter den Voraussetzungen des Satzes von Cauchy 3.1, der Impuls- und Drehimpulserhaltung ist der Spannungstensor σ symmetrisch; d. h. $\sigma_{jk}=\sigma_{kj}$ für $j,k=1,2,3$.*

Beweis Sei $a\in\mathbb{R}^3$ beliebig. Mit der Drehimpulserhaltung gilt dann

$$\begin{aligned}
&a\cdot\int_{\Omega(t)}(x-x^{(0)})\times\Big(\partial_t(\rho v)+\sum_{j=1}^{3}\partial_{x_j}(\rho\, v_j v)\Big)\,dx\\
&\quad= a\cdot\int_{\Omega(t)}(x-x^{(0)})\times(\rho f)\,dx + a\cdot\int_{\partial\Omega(t)}(x-x^{(0)})\times(\sigma\cdot\vec{n})\,ds_x.
\end{aligned}$$

Mit der Regel $a \cdot (b \times c) = (a \times b) \cdot c$ und dem Gaußschen Satz können wir den zweiten Summanden der rechten Seite auswerten:

$$\begin{aligned}
a \cdot &\int_{\partial\Omega(t)} (x - x^{(0)}) \times (\sigma \cdot \vec{n})\, ds_x \\
&= \int_{\partial\Omega(t)} \big(a \times (x - x^{(0)})\big) \cdot (\sigma \cdot \vec{n})\, ds_x \\
&= \int_{\Omega(t)} \sum_{i,j=1}^{3} \partial_{x_j}\big((a \times (x - x^{(0)}))_i\, \sigma_{ij}\big)\, dx \\
&= \int_{\Omega(t)} \Big[\big(a \times (x - x^{(0)})\big) \cdot \operatorname{div}\sigma + \sum_{i,j=1}^{3} \partial_{x_j}\big(a \times (x - x^{(0)})\big)_i\, \sigma_{ij}\Big] dx.
\end{aligned}$$

Zusammengefasst:

$$\begin{aligned}
&\int_{\Omega(t)} a \times (x - x^{(0)}) \cdot \underbrace{\big(\partial_t(\rho v) + \operatorname{div}(\rho v v_l)_{l=1,2,3} - \rho f - \operatorname{div}\sigma\big)}_{= 0 \text{ (Impulserhaltung!)}} dx \\
&\qquad = \int_{\Omega(t)} \sum_{i,j=1}^{3} \partial_{x_j}\big(a \times (x - x^0)\big)_i\, \sigma_{ij}\, dx \\
&\Longrightarrow \quad \sum_{i,j=1}^{3} \partial_{x_j}\big(a \times (x - x^0)\big)_i\, \sigma_{ij} = 0.
\end{aligned}$$

Setze $a := e_1$

$$\begin{aligned}
&\Longrightarrow \quad e_1 \times (x - x^{(0)}) = \begin{pmatrix} 0 \\ -(x_3 - x_3^{(0)}) \\ (x_2 - x_2^{(0)}) \end{pmatrix} \\
&\Longrightarrow \quad \sum_{i,j=1}^{3} \partial_{x_j}\big(a \times (x - x^0)\big)_i\, \sigma_{ij} = -\sigma_{23} + \sigma_{32} = 0 \quad \text{und somit} \quad \sigma_{32} = \sigma_{23}.
\end{aligned}$$

Durch $a := e_2$ bzw. $a := e_3$ erhält man $\sigma_{13} = \sigma_{31}$ bzw. $\sigma_{12} = \sigma_{21}$. □

3.6 Beobachterunabhängigkeit

Unterschiedliche Beobachter werden die Bewegung eines Körpers unterschiedlich wahrnehmen:

> Ein Beobachter, der auf dem Körper sitzt, wird ihn als ruhend empfinden, während ein anderer ihn als in Bewegung wahrnimmt.

Zwei Beobachter unterscheiden sich durch eine Translation und eine Drehung. Wie werden dabei die Variablen und die Gleichungen der Kontinuumsmechanik transformiert?

Sei die Bewegung eines Körpers A durch die Abbildung

$$(t,A) \mapsto x(t,A)$$

gegeben.

Definition 3.13
Es gehe x^* durch einen Beobachterwechsel aus x hervor, falls

$$x^*(t,A) = \alpha(t) + Q(t)(x(t,A) - \vartheta) \quad (\vartheta \text{ – Ursprung})$$

mit einer Translation $\alpha : [0, \infty) \to \mathbb{R}^3$ und einer Drehung $Q : [0,\infty) \to L(\mathbb{R}^3, \mathbb{R}^3)$, wobei $Q^T Q = \text{id}$ und $\det Q = 1$ gilt.

Wir nehmen an, dass α und Q glatte Funktionen sind. Wir setzen

$$F(t,x) := \alpha(t) + Q(t)(x - \vartheta).$$

Dann folgt

$$x^*(t,A) = F(t, x(t,A)).$$

Im Diagramm sehen wir die Zusammenhänge:

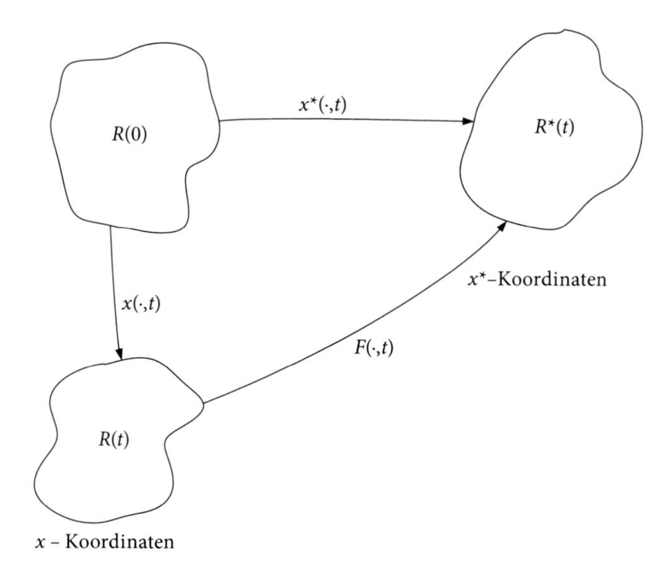

Für die Ableitung $D_{(\cdot)}$ erhalten wir

$$\begin{aligned}
D_A x^* &= D_x F\, D_A x = Q\, D_A x,\\
v^*(t, x^*(t,A)) &= \partial_t x^*(t,A) = \partial_t \alpha(t) + \partial_t Q(t)(x(t,A) - \vartheta) + Q(t) v(t, x(t,A)),\\
\vec{n}^* &= Q\vec{n},\\
D_{x^*} v^* &= \partial_t Q \underbrace{D_{x^*}(x - \vartheta)}_{=Q^T} + Q \underbrace{D_{x^*} v}_{=D_x v\, D_{x^*} x = D_x v\, Q^T}\\
D_{x^*} v^* &= \partial_t Q\, Q^T + Q\, D_x v\, Q^T. \qquad (3.15)
\end{aligned}$$

Wir nennen eine skalare Größe φ (z. B. Temperatur θ), einen Vektoren b (z. B. Wärmefluss q) oder einen Tensoren τ (z. B. Spannungstensor σ) beobachterunabhängig, falls bei einem Beobachterwechsel gilt

$$\begin{aligned}
\varphi(t,x) &= \varphi^*(t,x^*) = \varphi^*(t, \alpha(t) + Q(t)(x - \vartheta)),\\
b(t,x) &= Q^T(t)\, b^*(t,x^*) = Q^T(t)\, b^*(t, \alpha(t) + Q(t)(x - \vartheta)),\\
\tau(t,x) &= Q^T(t)\, \tau^*(t,x^*)\, Q(t) = Q^T(t)\, \tau^*(t, \alpha(t) + Q(t)(x - \vartheta))\, Q(t).
\end{aligned}$$

Wir haben oben gesehen, dass v nicht beobachterunabhängig ist.

Wie ist der Zusammenhang von σ und σ^*? Wir setzen voraus, dass der Vektor b aus dem Satz von Cauchy 3.1 beobachterunabhängig ist. Nach dem Satz von Cauchy 3.1 gilt dann

$$\sigma^*(t,x^*)\vec{n}^* = b^*(t, \vec{n}^*, x^*) = Q(t)\, b(t, \vec{n}, x) = Q(t)\, \sigma(t,x)\vec{n}.$$

Wegen (s. o.) $\vec{n}^* = Q\vec{n}$ (oder $Q^T\vec{n}^* = \vec{n}$) folgt

$$\sigma^*(t,x^*)\vec{n}^* = Q(t)\, \sigma(t,x)\, Q^T(t)\vec{n}^*.$$

Also ist

$$\sigma^* = Q\sigma Q^T. \qquad (3.16)$$

Das heißt, der Spannungstensor σ ist beobachterunabhängig.

Die Forderung nach Beobachterunabhängigkeit hat Konsequenzen für die Struktur der Größen.

Beispiel 3.14

(i) Für ein System gelte das konstitutive Gesetz

$$\sigma = \hat{\sigma}(\rho, \theta),$$

d. h., der Spannungstensor sei nur von ρ und θ abhängig. Die Größen θ und ρ seien beobachterunabhängig.

Dann folgt notwendigerweise

$$\sigma = -\hat{p}(\rho, \theta)\mathrm{id}.$$

Beweis. Sei (ρ, θ) fest gewählt. Nach Satz 3.12 ist σ symmetrisch. Dann existiert eine orthogonale Matrix Q und eine Diagonalmatrix Diag mit

$$\hat{\sigma}(\rho, \theta) = Q^T \mathrm{Diag} Q.$$

Nehme dieses Q in der Beziehung (3.16). Dann folgt

$$\begin{aligned} \sigma &= Q^T \sigma^* Q \\ \Longrightarrow \quad Q^T \mathrm{Diag} Q &= \hat{\sigma}(\rho, \theta) = Q^T \hat{\sigma}(\rho^*, \theta^*) Q = Q^T \hat{\sigma}(\rho, \theta) Q. \end{aligned}$$

Somit gilt

$$\Longrightarrow \quad \hat{\sigma}(\rho, \theta) = \mathrm{Diag}.$$

Wir wählen nun nacheinander in der Beziehung (3.16):

$$Q = \begin{pmatrix} 0 & 1 & 0 \\ -1 & 0 & 0 \\ 0 & 0 & 1 \end{pmatrix}, \begin{pmatrix} 0 & 0 & 1 \\ 0 & 1 & 0 \\ -1 & 0 & 0 \end{pmatrix}, \begin{pmatrix} 1 & 0 & 0 \\ 0 & 0 & 1 \\ 0 & -1 & 0 \end{pmatrix}.$$

Für diese Matrizen gilt jeweils $Q^T Q = \mathrm{id}$ und $\det Q = 1$. Somit folgt aus der Beziehung (3.16), dass alle Diagonalelemente gleich sein müssen.

$$\Longrightarrow \quad \sigma = -\hat{p}(\rho, \theta)\mathrm{id}.$$ □

(ii) Für ein System gelte das konstitutive Gesetz

$$q = \hat{q}(\rho, \theta, \nabla\theta).$$

Es gilt mit der Kettenregel

$$D_{x^*}\theta^* = D_x\theta\, Q^T \quad \Longrightarrow \quad \nabla_{x^*}\theta^* = Q\nabla_x\theta.$$[7]

Wegen der Forderung nach Beobachterunabhängigkeit muss gelten

$$\hat{q}^* = Qq.$$

Dann

$$\begin{aligned} \hat{q}(\rho^*, \theta^*, \nabla\theta^*) &= Q\,\hat{q}(\rho, \theta, \nabla\theta) \\ \Longrightarrow \quad \hat{q}(\rho, \theta, Q\nabla\theta) &= Q\,\hat{q}(\rho, \theta, \nabla\theta). \end{aligned}$$

[7] D_{x^*} ist das totale Differential. Somit ist $D_{x^*}\theta^*$ eine lineare Abbildung, welche durch einen Zeilenvektor repräsentiert wird. $\nabla_{x^*}\theta^*$ ist die Darstellung des Differential bezüglich eines Skalarproduktes. Es gilt $(D_{x^*})^T = \nabla_{x^*}\theta^*$.

Da der Term $\nabla\theta$ beliebig ist, folgt die Forderung

$$\hat{q}(\rho, \theta, QX) = Q\,\hat{q}(\rho, \theta, X)$$

für alle ρ, θ, X und alle Rotationen Q. Nun gilt aber der folgende Satz:

Satz 3.15 *Alle konstitutiven Gesetze, die der Forderung*

$$\hat{q}(\rho, \theta, QX) = Q\,\hat{q}(\rho, \theta, X)$$

genügen, lassen sich auf die Form

$$\hat{q}(\rho, \theta, X) = -\hat{\chi}(\rho, \theta, |X|)X$$

bringen (Verallgemeinertes Fourier-Gesetz!).

Beweis Wir kümmern uns nicht um die explizite Abhängigkeit des Wärmeflusses q von ρ und θ. Wir zeigen zuerst, dass $\hat{q}(X)$ und X zueinander parallel sind. Angenommen, es ist $\hat{q}(X) \nparallel X$. O. B. d. A.[8] $\hat{q}(e_1) \nparallel e_1$ mit $e_1 = (1, 0, 0)^T$.

Betrachte nun die spezielle Drehung

$$\tilde{Q} := \begin{pmatrix} 0 & -\sin\vartheta & -\cos\vartheta \\ 0 & \cos\vartheta & -\sin\vartheta \\ 1 & 0 & 0 \end{pmatrix}.$$

Es ist $\tilde{Q}e_1 = e_3 = (0, 0, 1)^T$. Das Prinzip der Beobachterunabhängigkeit besagt für alle Drehungen Q, insbesondere auch für $\tilde{Q}$, dass

$$\hat{q}(e_3) = \hat{q}(\tilde{Q}e_1) = \tilde{Q}\hat{q}(e_1)$$

gilt. Somit ist $\tilde{Q}\hat{q}(e_1)$ parallel zu $\hat{q}(e_3)$. Das kann im Allgemeinen aber nur der Fall sein, falls $\hat{q}(e_1) \parallel e_1$ gilt. Das ist ein Widerspruch zur Annahme.

Es lässt sich $\hat{q}$ also in folgender Form schreiben

$$\hat{q}(X) = \alpha(X)X$$

für eine Funktion $\alpha : \mathbb{R}^3 \mapsto \mathbb{R}$. Die Beobachterunabhängigkeit impliziert

$$\begin{aligned} & \alpha(QX)QX = \alpha(X)QX \\ \Longrightarrow \quad & \alpha(QX) = \alpha(X) \end{aligned}$$

[8] Ohne Beschränkung der Allgemeinheit.

für alle $X \in \mathbb{R}^3$ und alle Drehungen Q. Die Vektoren $\alpha(X)X$ und $\alpha(QX)X$ haben also gleiche Länge, d. h., es muss eine Funktion $\hat{\chi}(|X|)$ geben mit

$$\alpha(X) = -\hat{\chi}(|X|). \qquad \square$$

Wir betrachten jetzt konstitutive Gesetze für viskose Flüssigkeiten, d. h. Flüssigkeiten mit innerer Reibung. Diese innere Reibung wird duch Geschwindigkeitsvariationen verursacht. Wir wählen den Ansatz

$$\sigma = \hat{\sigma}(\rho, \theta, Dv) \tag{3.17}$$

und fragen nach solchen Gesetzen (3.17), welche beobachterinvariant sind, also für welche gilt

$$\sigma^* = Q\sigma Q^T.$$

Ausführlicher geschrieben fordern wir, dass

$$\sigma^*(\rho^*, \theta^*, D_{x^*}v^*) = Q\hat{\sigma}(\rho, \theta, D_x v)Q^T.$$

Mit Rechnung (3.15) ist

$$\sigma^*\left(\rho, \theta, \partial_t Q\, Q^T + QD_x vQ^T\right) = Q\hat{\sigma}(\rho, \theta, D_x v)Q^T.$$

O. B. d. A. durch Unterdrückung der Variablen ρ, θ und da der Term $D_x v$ beliebig ist, fordern wir

$$\sigma^*\left(\partial_t Q\, Q^T + QDQ^T\right) = Q\hat{\sigma}(D)Q^T \quad \forall D \in \mathbb{R}^{3\times 3}. \tag{3.18}$$

Lemma 3.16 *Es gilt für $D \in \mathbb{R}^{3\times 3}$*

$$\hat{\sigma}(D) = \hat{\sigma}\Bigg(\underbrace{\frac{1}{2}(D + D^T)}_{\text{symmetrischer Anteil von } D!}\Bigg).$$

Beweis Sei W eine schiefsymmetrische Matrix ($w_{ij} = -w_{ji}$). Somit ist $W + W^T = 0$. Setze

$$Q(t) := e^{-tW}.$$

Dann

$$Q \cdot Q^T = e^{-tW}\left(e^{-tW}\right)^T = e^{-t(W+W^T)} = \text{id}$$

und

$$(\det Q)^2 = \det(QQ^T) = 1,$$
$$\det(Q(0)) = \det(\mathrm{id}) = 1.$$

So ist $\det(Q(t)) = 1$ für alle $t \in \mathbb{R}$. Das heißt, Q ist eine Drehung. Weiter gelten

$$\partial_t Q(t) = -We^{-tW}$$

und

$$Q(0) = \mathrm{id}, \quad \partial_t Q(t)|_{t=0} = -W.$$

Dann gilt mit (3.18)

$$\hat{\sigma}\left(-We^{-tW}e^{-tW^T} + e^{-tW}D\left(e^{-tW}\right)^T\right) = e^{-tW}\hat{\sigma}(D)\left(e^{-tW}\right)^T.$$

Für $t = 0$ ist

$$\hat{\sigma}(-W + D) = \hat{\sigma}(D).$$

Setze

$$W := \frac{1}{2}\left(D - D^T\right),$$

dann

$$\hat{\sigma}\left(\frac{1}{2}\left(D + D^T\right)\right) = \hat{\sigma}(D). \qquad \square$$

Der Spannungstensor $\hat{\sigma}$ hängt also nur vom symmetrischen Anteil von D ab. Diese Abhängigkeit ist von ganz spezieller Gestalt, wie das Theorem von Rivlin-Ericksen zeigt.

Satz 3.17 (Rivlin-Ericksen-Theorem) *Eine Abbildung*

$$\hat{\sigma} : \{M \in \mathbb{R}^{3\times3} \,|\, M = M^T, \det M > 0\} \to \{N \in \mathbb{R}^{3\times3} \,|\, N = N^T\}$$

besitzt die Eigenschaft

$$\hat{\sigma}(QMQ^T) = Q\hat{\sigma}(M)Q^T \quad \textit{für alle Drehungen } Q \textit{ (Beobachterinvarianz!)}$$
$$\iff \quad \hat{\sigma}(M) = a_0(i_M)\mathrm{id} + a_1(i_M)M + a_2(i_M)M^2.$$

Dabei sind a_0, a_1, a_2 Funktionen der Grundinvarianten

$$i_M = \big(i_1(M), i_2(M), i_3(M)\big)$$

der Matrix M

$$\begin{aligned} i_1(M) &:= \lambda_1 + \lambda_2 + \lambda_3 \\ i_2(M) &:= \lambda_1\lambda_2 + \lambda_1\lambda_3 + \lambda_2\lambda_3 \\ i_3(M) &:= \lambda_1\lambda_2\lambda_3 \end{aligned}$$

mit $\lambda_1, \lambda_2, \lambda_3$ die Eigenwerte von M.

Beweis „$\Leftarrow$": Da Q Drehmatrix ist, hat QMQ^T die gleichen Grundinvarianten wie M. Es gilt

$$\begin{aligned} Q\hat{\sigma}(M)Q^T &\overset{\text{Vor.}}{=} Q(a_0\text{id} + a_1M + a_2M^2)Q^T \\ &= a_0\text{id} + a_1QMQ^T + a_2QMMQ^T \\ &= a_0\text{id} + a_1QMQ^T + a_2QMQ^TQMQ^T \overset{\text{Vor.}}{=} \hat{\sigma}(QMQ^T). \end{aligned}$$

„$\Rightarrow$": Sei $M \in \mathbb{R}^{3\times3}$ eine symmetrische Matrix, d. h., es gilt $M = Q\Lambda Q^T$ mit einer Orthogonalmatrix Q und

$$\Lambda = \begin{pmatrix} \lambda_1 & 0 & 0 \\ 0 & \lambda_2 & 0 \\ 0 & 0 & \lambda_3 \end{pmatrix}.$$

Wenn die Implikation „$\Rightarrow$" für Diagonalmatrizen Λ gilt, so gilt sie auch für jede symmetrische Matrix M. Denn es ist

$$\begin{aligned} \hat{\sigma}(M) &= \hat{\sigma}(Q\Lambda Q^T) \\ &= Q\hat{\sigma}(\Lambda)Q^T && \text{nach Voraussetzung} \\ &= Q(a_0(i_\Lambda)\text{id} + a_1(i_\Lambda)\Lambda + a_2(i_\Lambda)\Lambda^2)Q^T && \text{nach Annahme} \\ &= a_0(i_\Lambda)\text{id} + a_1(i_\Lambda)Q\Lambda Q^T + a_2(i_\Lambda)\underbrace{Q\Lambda\Lambda Q^T}_{=Q\Lambda Q^TQ\Lambda Q^T=M^2} \\ &= a_0(i_M)\text{id} + a_1(i_M)M + a_2(i_M)M^2. \end{aligned}$$

Es reicht also aus, die Implikation für Diagonalmatrizen zu beweisen. Sei M eine Diagonalmatrix mit

$$M = \begin{pmatrix} \lambda_1 & 0 & 0 \\ 0 & \lambda_2 & 0 \\ 0 & 0 & \lambda_3 \end{pmatrix},$$

wobei $\lambda_j \in \mathbb{R}$, und sei $\lambda := (\lambda_1, \lambda_2, \lambda_3)$. Wir zeigen, dass $\hat{\sigma}(M)$ wieder eine Diagonalmatrix ist. Für die Matrix

$$Q = \begin{pmatrix} 1 & 0 & 0 \\ 0 & -1 & 0 \\ 0 & 0 & -1 \end{pmatrix}$$

gelten $Q^T = Q$, $Q^T Q = \text{id}$ und $\det Q = 1$. Das heißt, Q ist eine Drehung. Wir können nun rechnen

$$\hat{\sigma}(M)e_1 = \underbrace{QQ^T}_{=\text{id}}\, \hat{\sigma}(M) \underbrace{Qe_1}_{=e_1} \overbrace{=}^{\text{Vor. und } Q = Q^T} Q\hat{\sigma}(Q^T M Q)e_1 = Q\hat{\sigma}(M)e_1. \tag{3.19}$$

Damit ist $\hat{\sigma}(M)e_1$ Eigenvektor von Q zum Eigenwert 1. Der Eigenraum zu diesem Eigenwert wird von e_1 erzeugt. Denn aus (3.19) und der speziellen Gestalt von Q folgt, es existiert eine Funktion t_1 mit

$$\hat{\sigma}(M)e_1 = t_1(\lambda)e_1.$$

Analog zeigt man

$$\hat{\sigma}(M)e_j = t_j(\lambda)e_j, \quad j = 2, 3.$$

Dann gilt insgesamt

$$\hat{\sigma}(M) = \begin{pmatrix} t_1(\lambda_1) & 0 & 0 \\ 0 & t_2(\lambda_2) & 0 \\ 0 & 0 & t_3(\lambda_3) \end{pmatrix}. \tag{3.20}$$

Wir zeigen weiter, vertauscht man die Nummerierung der Eigenwerte, so vertauschen sich entsprechend die t_j. Also gilt

$$t_{\pi(j)}(\lambda_{\pi(1)}, \lambda_{\pi(2)}, \lambda_{\pi(3)}) = t_j(\lambda_1, \lambda_2, \lambda_3)$$

für jede Permutation π der Zahlen $\{1, 2, 3\}$.

$$\{\text{z. B. sei } \pi(1) = 2, \pi(2) = 1, \pi(3) = 3 \Longrightarrow t_2(\lambda_2, \lambda_1, \lambda_3) \overset{!}{=} t_1(\lambda_1, \lambda_2, \lambda_3) \text{ usw.}\}. \tag{3.21}$$

Es reicht aus, diese Aussage für die Elementarpermutationen nachzuweisen. Wir zeigen, dass das Beispiel (3.21) gilt. Betrachte hierzu die spezielle Drehmatrix

$$Q := \begin{pmatrix} 0 & 1 & 0 \\ 1 & 0 & 0 \\ 0 & 0 & -1 \end{pmatrix}.$$

Dann gilt elementar

$$\begin{pmatrix} \lambda_2 & 0 & 0 \\ 0 & \lambda_1 & 0 \\ 0 & 0 & \lambda_3 \end{pmatrix} = QMQ^T.$$

Somit

$$\begin{aligned} \hat{\sigma}\left[\begin{pmatrix} \lambda_2 & 0 & 0 \\ 0 & \lambda_1 & 0 \\ 0 & 0 & \lambda_3 \end{pmatrix}\right] &= \hat{\sigma}\left(QMQ^T\right) \\ &\overset{\text{Vor.}}{=} Q\hat{\sigma}(M)Q^T \\ &\overset{(3.20)}{=} Q\begin{pmatrix} t_1(\lambda) & 0 & 0 \\ 0 & t_2(\lambda) & 0 \\ 0 & 0 & t_3(\lambda) \end{pmatrix}Q^T = \begin{pmatrix} t_2(\lambda) & 0 & 0 \\ 0 & t_1(\lambda) & 0 \\ 0 & 0 & t_3(\lambda) \end{pmatrix}. \end{aligned}$$

Wir zeigen jetzt

$$\hat{\sigma}(M) = a_0(i_M)\mathrm{id} + a_1(i_M)M + a_2(i_M)M^2$$

für geeignete Funktionen a_0, a_1, a_2. Da M eine Diagonalmatrix ist, ist das äquivalent zu dem Gleichungssystem

$$t_j(\lambda) = a_0(\lambda) + a_1(\lambda)\lambda_j + a_2(\lambda)\lambda_j^2 \quad (j = 1,2,3). \tag{3.22}$$

Dabei ist $t_j(\lambda)$ bekannt.

Wir unterscheiden nun drei Fälle:

1. Fall: Alle Eigenwerte λ_1, λ_2, λ_3 sind verschieden.

Dann besitzt das Gleichungssystem (3.22) eine eindeutig bestimmte Lösung a_0, a_1, a_2.

2. Fall: $\lambda_1 = \lambda_2 \neq \lambda_3$

$$\overset{\text{s. o.}}{\Longrightarrow} \quad t_1(\lambda) = t_1(\lambda_1, \lambda_2, \lambda_3) \overset{\text{s. o.}}{=} t_2(\lambda_2, \lambda_1, \lambda_3) = t_2(\lambda_1, \lambda_2, \lambda_3) = t_2(\lambda).$$

Setze in (3.22) $a_2 = 0$ und bestimme a_1 und a_0 aus

$$t_j(\lambda) = a_0(\lambda) + a_1(\lambda)\lambda_j \quad (j = 1, 3).$$

3. Fall: $\lambda_1 = \lambda_2 = \lambda_3$

Dann gilt $t_1(\lambda) = t_2(\lambda) = t_3(\lambda)$. Somit $\hat{\sigma}(M) = a_0(\lambda)\mathrm{id}$ mit $a_0(\lambda) = t_1(\lambda)$. □

▶ **Bemerkung 3.18** Sei $\hat{\sigma}$ beobachterunabhängig und linear, so hängt $\hat{\sigma}$ nur von zwei Parametern ab. Es gilt

$$\hat{\sigma}(M) = 2\mu M + \lambda \operatorname{spur} M \operatorname{id}$$

mit μ = Scherviskosität, λ = Volumenviskosität. Ein solches Fluid heißt *Newtonsch.*

3.7 Konstitutive Gleichungen

Die konstitutiven Gesetze sind Beziehungen, die meist auf experimentellen Beobachtungen beruhen. Sie setzen einige der in den Grundgleichungen auftretenden Variablen zueinander in Beziehung, sodass ein geschlossenes System entsteht. Die unbestimmten Größen in den Grundgleichungen sind

- der Spannungstensor σ,
- der Wärmefluss q,
- die thermodynamische Zustandsgleichung $F(T, \rho, p) = 0$ (T = Temperatur, ρ = Dichte, p = Druck),
- die innere Energie $u = u(T, \rho, c_1, \dots, c_M)$.

Einige Beispiele von konstitutiven Gesetzen:

- Fouriergesetz der Wärmeleitung:

$$q = -\kappa \nabla T.$$

  Die Wärmeleitfähigkeit κ ist positiv. Das Gesetz besagt, Wärme fließt von Bereichen hoher Temperatur in Bereiche niederer Temperatur; denn $-\nabla T$ weist in Richtung des stärksten Abfalls der Temperatur. Der Term κ kann von verschiedenen Größen, z. B. von der Temperatur T selbst, abhängen. Er kann eine skalare Größe oder eine Matrix sein.
- Spannungstensor bei reibungsfreier Strömung:
  Wegen der Reibungsfreiheit der Strömung können nur Druckkräfte übertragen werden; d. h.

$$\sigma = -p \operatorname{id}$$

  (id = Einheitsmatrix).
- viskose Strömungen mit innerer Reibung:
  Eine genaue Analyse, die wir hier nicht mehr durchführen wollen, ergibt

$$\sigma = \mu\, \varepsilon(v) + \lambda \operatorname{div} v \operatorname{id} - p \operatorname{id},$$

wobei

$$\varepsilon(v) := \frac{1}{2}\left(\frac{\partial v_i}{\partial x_j} + \frac{\partial v_j}{\partial x_i}\right)_{i=1,2,3}$$

der Verschiebungstensor, μ die Scherviskosität und λ die Volumenviskosität sind.

Mit Hilfe solcher konstitutiven Gesetze gewinnt man die Prozessgleichung aus den Grundgleichungen der Kontinuumsmechanik.

Beispiel 3.19 (Wärmeleitungsgleichung)
Wir betrachten den Wärmediffusionsprozess ohne Strömung ($v = 0$), und es ist ρ =konstant und bekannt. In der Energieerhaltungsgleichung ist u die massenspezifische Dichte der inneren Energie. Dann folgt aus der Thermodynamik

$$\partial_t u = c_P(T)\partial_t T,$$

mit $c_P(T)$ als der spezifischen Wärmekapazität bei konstantem Volumen V.

Aus der Energieerhaltung folgt:

$$\begin{aligned} &\rho\partial_t u + \operatorname{div} q = \rho g \\ \overset{\text{Fouriergesetz}}{\Longrightarrow} \quad &\rho\big(c_P(T)\partial_t T\big) - \operatorname{div}(\kappa\nabla T) = \rho g, \end{aligned}$$

oder für konstante Parameter und entdimensionalisiert:

$$\partial_t T - \Delta T = g \quad \text{(Wärmeleitungsgleichung!)}.$$

3.8 Aufgaben

1. **Massenpunkt im Potenzialfeld** Ein Massenpunkt mit konstanter Masse m bewege sich in einem Kraftfeld F, welches durch ein Skalarpotenzial Ψ definiert wird. Es ist $F = -m\nabla\Psi$. Sei v die Geschwindigkeit des Massenpunktes. Zeigen Sie, dass

$$\frac{v^2}{2} + \Psi = \text{konstant}$$

gilt. Das heißt, die Summe aus kinetischer und potenzieller Energie ist konstant.

2. **Wirbeldichte von Strömungen** Die *Wirbeldichte* eines Geschwindigkeitsfeldes v sei definiert durch

$$\operatorname{rot} v = \nabla \times v.$$

Zeigen Sie, dass

$$(v \cdot \nabla)v = \nabla\Big(\frac{v^2}{2}\Big) - v \times \operatorname{rot} v.$$

3. Zeigen Sie, dass für allgemeine Materialien, für welche

$$\operatorname{div} v = 0$$

erfüllt ist, die Massendichte ρ nur entlang der Bahnlinien $y(t)$ konstant bleibt, nicht aber im ganzen Raum.

4. Wir betrachten auf einem einfach zusammenhängenden Gebiet eine ebene, homogene, stationäre Strömung v mit

$$\operatorname{div} v = 0, \quad \operatorname{rot} v = 0.$$

Zeige, dass ein Geschwindigkeitspotenzial Φ existiert, sodass $v = \nabla\Phi$.

5. Wir betrachten sechs Parameter, welche in einem typischen Wärmeleitungs- und Strömungsproblem auftreten:
   l typische Länge, $[l] = \mathrm{L}$,
   v typische Geschwindigkeit $[v] = \mathrm{L}/\mathrm{T}$,
   ρ Dichte, $[\rho] = \mathrm{M}/\mathrm{L}^3$,
   κ Wärmeleitkoeffizient, $[\kappa] = \mathrm{LM}/(\mathrm{T}^3\mathrm{K})$,
   c spezifische Wärmekapazität, $[c] = \mathrm{L}^2/(\mathrm{T}^2\mathrm{K})$,
   μ Viskosität, $[\mu] = \mathrm{M}/(\mathrm{LT})$,

   hierbei ist K die abstrakte Dimension der absoluten Temperatur θ.

   (a) Zeigen Sie, dass sich folgende drei dimensionslosen Parameter aus obigen dimensionsbehafteten Parametern ergeben:

   $$\mathrm{Re} = \frac{\rho\, v\, l}{\mu}, \quad \mathrm{Pr} = \frac{\mu\, c}{\kappa}, \quad \mathrm{Pe} = \mathrm{Re}\cdot\mathrm{Pr} = \frac{\rho\, v\, l\, c}{k}.$$

   Hierbei ist Re die Reynolds-Zahl, Pr die Prandtl-Zahl[9] und Pe die Péclet-Zahl.

   (b) Die Péclet-Zahl kann interpretiert werden als

   $$\mathrm{Pe} = \frac{\tau_{\mathrm{Diffusion}}}{\tau_{\mathrm{Drift}}},$$

   wobei $\tau_{\mathrm{Diffusion}}$ eine typische Zeitskala der Diffusion und τ_{Drift} eine typische Zeitskala des Driftes ist.

[9] Prandtl, Ludwig: 1875–1953, deutscher Physiker. Bedeutende Beiträge zur Strömungsmechanik, entwickelte die Grenzschichttheorie; auf ihn geht Prandtl-Zahl zurück.

4 Strömungen

4.1 Die Grundgleichungen

Wir werden uns jetzt mit der Modellierung von Strömungen und insbesondere mit der Umströmung von Körpern befassen. Dazu betrachten wir die *Kontinuitätsgleichung* (Massenerhaltung)

$$\partial_t \rho + \operatorname{div}(\rho v) = 0$$

und die *Impulserhaltungsgleichung*

$$\rho \partial_t v + \rho (v \cdot \nabla) v - \operatorname{div} \sigma = \rho f.$$

Zur Vereinfachung werde angenommen, dass $\rho \equiv \rho_0$ im ganzen Gebiet Ω konstant ist, der Spannungstensor σ nicht von der Temperatur θ abhängt und keine äußeren Kräfte vorliegen $f = 0$.

Wir unterscheiden zwei Fälle:

(a) reibungsfreie Strömungen:

$$\sigma = -p \operatorname{id} \quad \text{und}$$

(b) Strömungen mit Reibung (viskose Strömungen):

$$\sigma = \mu \varepsilon(v) + \lambda \operatorname{div} v \operatorname{id} - p \operatorname{id}.$$

Hierbei ist

$$\varepsilon(v) := \frac{1}{2} \left(\partial_{x_j} v_i + \partial_{x_i} v_j \right)_{i,j=1,2,3}$$

der Verschiebungstensor, μ ist die Scherviskosität und λ die Volumenviskosität.

K.-H. Hoffmann, G. Witterstein, *Mathematische Modellierung*, Mathematik Kompakt,
DOI 10.1007/978-3-0346-0650-9_4, © Springer Basel 2014

Es sei Ω ein festes Gebiet, in dem sich die Flüssigkeit befindet.

(a) Reibungsfreie Strömungen (z. B. Gase):
Aus der Kontinuitäts- und Impulserhaltungsgleichung sowie den Annahmen folgen die Gleichungen

$$\begin{aligned} \rho_0 \left(\partial_t v + (v \cdot \nabla) v\right) &= -\nabla p, \\ \operatorname{div} v &= 0. \end{aligned}$$

Das sind die inkompressiblen *Euler-Gleichungen* für die Geschwindigkeit

$$v : [0, \infty) \times \Omega \to \mathbb{R}^3$$

und den Druck

$$p : [0, \infty) \times \Omega \to \mathbb{R}$$

in einer reibungsfreien Strömung mit konstanter Dichte ρ_0 und ohne Einwirkung äußerer Kräfte. Die Strömung wird noch bestimmt durch die *Anfangsbedingungen*

$$v(0, x) = v_0(x) \quad \forall\, x \in \Omega,$$

und die *Randbedingungen*

$$v \cdot \vec{n} = 0 \quad \forall\, x \in \partial\Omega,\ \forall\, t > 0.$$

Die Randbedingungen sagen aus, dass das Medium das Gebiet Ω nicht verlassen kann. Es sind natürlich auch andere Randbedingungen möglich.

(b) Strömungen mit innerer Reibung: Wegen $\operatorname{div} v = 0$ lautet der Spannungstensor

$$\sigma = \mu \varepsilon(v) - p \,\mathrm{id}.$$

Wir betrachten $\operatorname{div}(\varepsilon(v))$ beispielhaft für die erste Zeile. Es ist

$$\begin{aligned} \operatorname{div} \begin{pmatrix} \partial_{x_1} v_1 + \partial_{x_1} v_1 \\ \partial_{x_2} v_1 + \partial_{x_1} v_2 \\ \partial_{x_3} v_1 + \partial_{x_1} v_3 \end{pmatrix} &= \partial_{x_1 x_1} v_1 + \partial_{x_1 x_1} v_1 + \partial_{x_2 x_2} v_1 + \partial_{x_1 x_2} v_2 + \partial_{x_3 x_3} v_1 + \partial_{x_1 x_3} v_3 \\ &= \Delta v_1 + \partial_{x_1} \operatorname{div} v = \Delta v_1. \end{aligned}$$

Analog folgt

$$\operatorname{div}(\varepsilon(v)) = \frac{1}{2} \begin{pmatrix} \Delta v_1 \\ \Delta v_2 \\ \Delta v_3 \end{pmatrix} = \frac{1}{2} \Delta v.$$

Für Strömungen mit innerer Reibung gelten also die inkompressiblen *Navier-Stokes-Gleichungen*[1,2]

$$\rho_0\,(\partial_t v + (v\cdot\nabla)v) = -\nabla p + \tilde{\mu}\,\Delta v,$$
$$\operatorname{div} v = 0.$$

Hierbei ist $\tilde{\mu} = \mu/2$ die dynamische Viskosität. Es handelt sich um ein Newtonisches Fluid! Hinzu kommen noch die Anfangsbedingungen

$$v(0,x) = v_0(x) \quad \forall\, x \in \Omega$$

und die Randbedingungen („Non-slip-Bedingung" (Haftbedingung!))

$$v(t,x) = 0 \quad \forall\, x \in \partial\Omega,\ \forall\, t > 0.$$

Im Allgemeinem haften Flüssigkeiten an einer festen Wand.

Einige Beispiele bekannter Strömungen:

Beispiel 4.1 (Strömung einer Flüssigkeit in einem ebenen Kanal, Modellierung mit der Euler-Gleichung)
Sei $\Omega := \mathbb{R} \times \Omega'$ ein unendlich langer Kanal mit Profil Ω'. An der Stelle $x_1 = 0$ sei der Druck p_1 größer als der Druck p_2 an der Stelle $x_2 = L$. Alle auftretenden Größen hängen nicht von x_3 ab.

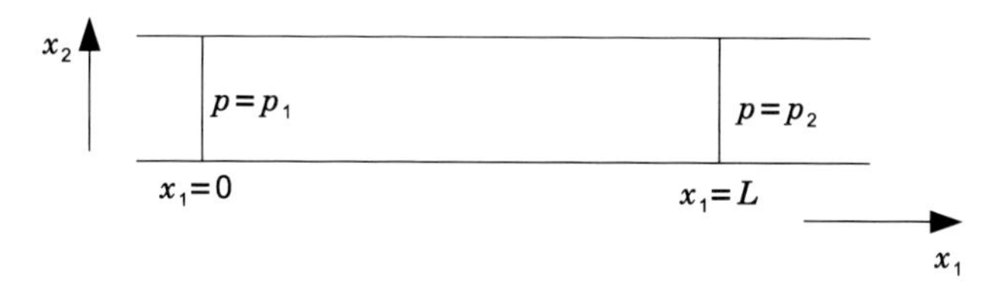

Annahme: $p_1 > p_2$ und p_1 sind unabhängig von der Zeit t. Druck und Geschwindigkeit mögen nur von x_1 abhängen

$$\Longrightarrow \quad v(t,x) = (u(t,x_1),\,0,\,0) \quad \text{und} \quad p(t,x) := p(t,(x_1,x_2,x_3)) = \hat{p}(x_1).$$

Wir lösen die inkompressiblen Euler-Gleichungen

$$\operatorname{div} v = 0 \quad \Longrightarrow \quad \partial_{x_1} u = 0,$$
$$\rho_0\,(\partial_t v + (v\cdot\nabla)v) = -\nabla p \quad \Longrightarrow \quad \rho_0 \partial_t u = -\partial_{x_1}\hat{p}.$$

---

[1] Navier, Claude L.M. Henri: 1785–1836, französischer Mathematiker. Mathematische Formulierung der Elastizitätstheorie, Begründer der Baustatik.

[2] Stokes, George G.: 1819–1903, Mathematiker und Physiker. Beschäftigte sich mit der elektromagnetischen Ausbreitung von Wellen und der Theorie der Schallausbreitung.

Daraus folgt

$$-\partial_{x_1x_1}\hat{p} = \rho_0\partial_{x_1}\partial_t u = \rho_0\partial_t\partial_{x_1}u = 0$$
$$\overset{\text{Integration}}{\underset{+\text{Randbed.}}{\Longrightarrow}} \quad p(t,x) = \hat{p}(x_1) = p_1 - \frac{p_1 - p_2}{L}x_1.$$

Daraus folgt mit $\rho_0\partial_t u = -\partial_{x_1}\hat{p}$ für die Geschwindigkeit

$$u(t,x_1) = \frac{p_1 - p_2}{L\rho_0}t + c \quad \text{mit } c \in \mathbb{R}$$
$$\Longrightarrow \quad u \to +\infty \quad \text{für } t \to \infty.$$

Es widerspricht aber der Erfahrung, dass bei konstanter Druckdifferenzvorgabe die Geschwindigkeit unendlich wird. Die Euler-Gleichungen spiegeln daher nicht die Erfahrung wider.

Beispiel 4.2 (Ebene Couette-Strömung, Modellierung mit den inkompressiblen Navier-Stokes-Gleichungen)
Die Geometrie sei wie in Beispiel 4.1. Nur sei jetzt $\Omega' := (0, d)$, d. h.

$$\Omega = \mathbb{R} \times \Omega'.$$

Wir betrachten eine Strömung zwischen zwei Platten mit dem Abstand d. Überdies möge sich die obere Platte mit der Geschwindigkeit U in Richtung x_1 bewegen. Die Symmetrie des Problems impliziert

$$v(t,x) = (u(t,x_2),\, 0,\, 0).$$

Wir suchen Lösungen, die nicht von der Zeit abhängen, d. h.

$$v(t,x) = (u(x_2),\, 0,\, 0).$$

Massenerhaltung: $\operatorname{div} v = 0$,

Impulserhaltung: $\rho_0(\partial_t v + (v \cdot \nabla)v) = -\nabla p + \tilde{\mu}\Delta v.$

Es folgt

$$\tilde{\mu}\partial_{x_2x_2}u(x_2) = \partial_{x_1}p, \quad \partial_{x_2}p = 0, \quad \partial_{x_3}p = 0.$$

Aus den Annahmen gilt $p(t,x) := \hat{p}(t,x_1)$ und damit

$$\tilde{\mu}\partial_{x_2x_2}u(x_2) = \partial_{x_1}\hat{p}(t,x_1). \tag{4.1}$$

Das kann nur gelten, falls

$$\partial_{x_2x_2}u(x_2) \quad \text{und} \quad \partial_{x_1}\hat{p}(t,x_1)$$

konstant sind.

Die Geschwindigkeit u soll allein durch U, die Geschwindigkeit der oberen Platte, bestimmt sein. Also setzen wir

$$\partial_{x_1} \hat{p}(t, x_1) = 0$$

und erhalten

$$\partial_{x_2 x_2} u(x_2) = 0.$$

Die Randbedingungen für unser Experiment sind

$$\begin{aligned} v(t,x) &= (0,0,0) \quad \text{für } x_2 = 0 \quad \text{und} \\ v(t,x) &= (U,0,0) \quad \text{für } x_2 = d. \end{aligned}$$

Dann

$$\begin{aligned} u(x_2) &= \frac{U x_2}{d} \\ \Longrightarrow \quad v(t,x) &= \left(\frac{U x_2}{d}, 0, 0 \right). \end{aligned}$$

Skizze des Geschwindigkeitsprofils:

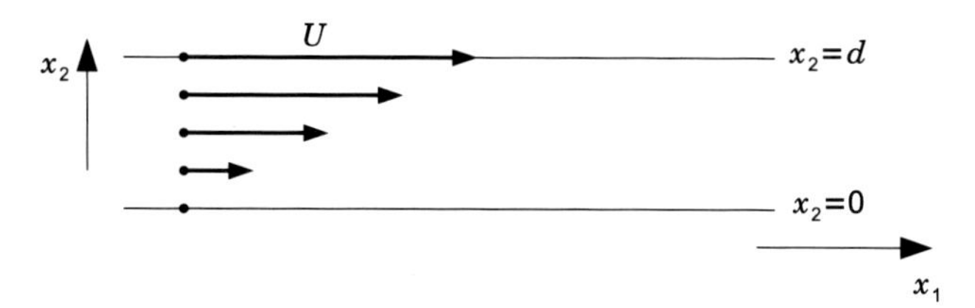

Welche Spannung übt die Strömung auf die untere Platte aus? Für die Spannung gilt nach dem Satz von Cauchy 3.1

$$b(\vec{n}) = \sigma \cdot \vec{n} = \left(-p \,\mathrm{id} + \lambda \operatorname{div} v \,\mathrm{id} + \mu \frac{1}{2} \left(Dv + (Dv)^t \right) \right) \cdot \vec{n},$$

wobei in unserem Fall $\vec{n} = (0, 1, 0)^t$ ist. Da der Druck p konstant ist, beeinflusst er das Geschwindigkeitsfeld nicht. Die Strömung wird einzig durch die Bewegung der oberen Platte erzeugt. Wir betrachten die Schubspannung

$$\begin{aligned} b_s(\vec{n}) &:= \left(\lambda \operatorname{div} v \,\mathrm{id} + \mu \frac{1}{2} \left(Dv + (Dv)^t \right) \right) \cdot \vec{n} \\ &= \mu \frac{1}{2} \begin{pmatrix} 0 & \partial_{x_2} u & 0 \\ \partial_{x_2} u & 0 & 0 \\ 0 & 0 & 0 \end{pmatrix} \begin{pmatrix} 0 \\ 1 \\ 0 \end{pmatrix} = \begin{pmatrix} \frac{\mu}{2} \partial_{x_2} u \\ 0 \\ 0 \end{pmatrix}. \end{aligned}$$

Folglich wirkt die Spannung in Richtung der positiven x_1-Achse und hat den Betrag

$$\tilde{\mu} \frac{U}{d}.$$

Je geringer der Plattenabstand, um so größer die Spannung. Je größer die Viskosität μ, um so größer die Spannung. Experiment zur Bestimmung von μ!

Beispiel 4.3 (Ebene Poiseuille-Strömung)
Die Geometrie sei wie in Beispiel 4.2 aber mit fester oberer Platte. Die Strömung werde durch eine Druckdifferenz angetrieben. Wir nehmen an, dass

$$p = \hat{p}(x_1) \quad \text{mit } \partial_{x_1}\hat{p} = -\frac{c}{2} \text{ für } c \in \mathbb{R}$$

sowie

$$v(t,x) = (u(x_2),\, 0,\, 0).$$

Aus den inkompressiblen Navier-Stokes-Gleichungen folgt, wie in Beispiel 4.2, siehe Gleichung (4.1)

$$\mu \partial_{x_2 x_2} u = -c.$$

Die Randbedingungen implizieren

$$u(0) = u(d) = 0.$$

Dann

$$u(x_2) = \frac{c}{2\mu}(d - x_2)x_2.$$

Skizze:

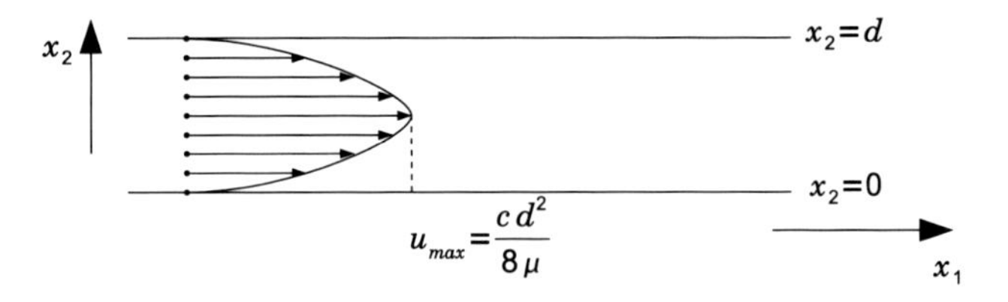

Je zäher die Flüssigkeit (μ groß), umso geringer die Geschwindigkeit. Je größer der Plattenabstand, um so größer die Geschwindigkeit (quadratisch in d).

Entdimensionalisierung der inkompressiblen Navier-Stokes-Gleichungen

Die Navier-Stokes-Gleichungen

$$\rho_0 \left(\partial_t v + (v \cdot \nabla)v\right) = -\nabla p + \mu \Delta v, \tag{4.2}$$

$$\operatorname{div} v = 0 \tag{4.3}$$

sind dimensionsbehaftet.

Variable		Abstrakte Dimension
v	Geschwindigkeit	$\frac{\mathrm{L}}{\mathrm{T}}$
ρ_0	Massendichte	$\frac{\mathrm{M}}{\mathrm{L}^3}$
p	Druck/Fläche	$\frac{\mathrm{M}\cdot\mathrm{L}/\mathrm{T}^2}{\mathrm{L}^2} = \frac{\mathrm{M}}{\mathrm{LT}^2}$
μ	Dynamische Viskosität	$\frac{\mathrm{M}}{\mathrm{LT}}$

Alle Terme der Navier-Stokes-Gleichungen haben die Dimension $\mathrm{M}/(\mathrm{L}^2\mathrm{T}^2)$. Dies lässt sich leicht nachrechnen:

$$\begin{aligned}[\rho_0 \partial_t v] &= \frac{\mathrm{M}}{\mathrm{L}^3} \cdot \frac{1}{\mathrm{T}} \cdot \frac{\mathrm{L}}{\mathrm{T}} = \frac{\mathrm{M}}{\mathrm{L}^2\mathrm{T}^2}, \\ [\rho_0 (v \cdot \nabla) v] &= \frac{\mathrm{M}}{\mathrm{L}^3} \cdot \frac{\mathrm{L}}{\mathrm{T}} \cdot \frac{1}{\mathrm{L}} \cdot \frac{\mathrm{L}}{\mathrm{T}} = \frac{\mathrm{M}}{\mathrm{L}^2\mathrm{T}^2}, \\ [\nabla p] &= \frac{1}{\mathrm{L}} \cdot \frac{\mathrm{M}}{\mathrm{L}\mathrm{T}^2} = \frac{\mathrm{M}}{\mathrm{L}^2\mathrm{T}^2}, \\ [\mu \Delta v] &= \frac{\mathrm{M}}{\mathrm{L}\mathrm{T}} \cdot \frac{1}{\mathrm{L}^2} \cdot \frac{\mathrm{L}}{\mathrm{T}} = \frac{\mathrm{M}}{\mathrm{L}^2\mathrm{T}^2}.\end{aligned}$$

Wir wollen jetzt die Navier-Stokes-Gleichungen entdimensionalisieren. Dazu definieren wir mit den Referenzgrößen l, t^* folgende dimensionslose Variablen

$$y := \frac{x}{l}, \qquad \tau := \frac{t}{t^*}.$$

Zur Referenzgröße p_0 sei für den Druck

$$r(\tau, y) := \frac{p(t,x)}{p_0}.$$

Die Größen l, t^* und p_0 sind später noch zu bestimmen. Die Geschwindigkeit v skalieren wir durch

$$u(\tau, y) := \frac{v(t,x)}{|v_\infty|},$$

wobei wir annehmen, dass

$$v(t,x) \to v_\infty \in \mathbb{R}^3 \quad \text{für } |x| \to \infty,$$

wobei v_∞ die konstante *Anströmgeschwindigkeit* ist.

Nach Einführung der neuen Variablen erhält man aus (4.2)

$$\partial_\tau u + \frac{t^* |v_\infty|}{l} (u \cdot \nabla_y) u = -\frac{p_0\, t^*}{\rho_0\, l\, |v_\infty|} \nabla_y r + \frac{\mu\, t^*}{\rho_0\, l^2} \Delta_y u.$$ [3]

[3] Mit der Kettenregel berechnen wir

$$\begin{aligned}\partial_t v &= \frac{|v_\infty|}{t^*} \partial_\tau u, \\ (v \cdot \nabla_x) v &= \sum_{i=1}^3 v_i \partial_{x_i} v = \sum_{i=1}^3 |v_\infty| u_i\, |v_\infty| \partial_{y_i} u \frac{1}{l} = \frac{|v_\infty|^2}{l} \sum_{i=1}^3 u_i \partial_{y_i} u = \frac{|v_\infty|^2}{l} (u \cdot \nabla_y) u, \\ \nabla_x p &= \frac{p_0}{l} \nabla_y r, \\ \mu \Delta_x v &= \mu \sum_{i=1}^3 \partial_{x_i x_i} v = \mu \sum_{i=1}^3 \partial_{x_i} \left(|v_\infty| \partial_{y_i} u \frac{1}{l} \right) = \mu \frac{|v_\infty|}{l} \sum_{i=1}^3 \partial_{y_i y_i} u \frac{1}{l} = \mu \frac{|v_\infty|}{l^2} \Delta_y u.\end{aligned}$$

Wir setzen diese Ableitungen in Gleichung (4.2) ein und multiplizieren die erhaltene Identität mit $t^*/|v_\infty|$.

Wir setzen in dieser Gleichung die noch freien Referenzgrößen fest

$$t^* := \frac{l}{|v_\infty|}, \quad p_0 := \rho_0 |v_\infty|^2$$

und führen durch

$$\nu := \frac{\mu}{\rho_0}$$

die *kinematische Viskosität* des Fluids ein. Dann

$$\partial_\tau u + (u \cdot \nabla_y)u = -\nabla_y r + \frac{\nu}{|v_\infty|\, l} \Delta_y u.$$

Mit

$$\mathrm{Re} := \frac{|v_\infty|\, l}{\nu}$$

bezeichnet man die Reynoldszahl eines Fluids. Sie ist dimensionslos und gibt das Verhältnis von Konvektion zu Diffusion in einer Strömung wieder. Die entdimensionalisierten Navier-Stokes-Gleichungen (4.2), (4.3), inklusive der Massenerhaltung, lauten dann in unserem Fall

$$\partial_\tau u + (u \cdot \nabla)u = -\nabla r + \frac{1}{\mathrm{Re}} \Delta u,$$
$$\operatorname{div} u = 0.$$[4]

Die Reynoldszahl $\mathrm{Re} = \frac{|v_\infty|\, l}{\nu}$ ist die grundlegende Größe für die Ähnlichkeitstheorie und ermöglicht es, großdimensionierte Experimente im Windkanal durchzuführen. Der Versuch im Windkanal muss nur so durchgeführt werden, dass die Reynoldszahlen übereinstimmen. Dann liefern die Navier-Stokes-Gleichungen das gleiche Resultat u.

Will man die Strömungsverhältnisse um einen Tragflügel im Windkanal simulieren, so muss man etwa das Modell um den Faktor 1000 verkleinern. Man erhält dann das gleiche Ergebnis, als wenn man die Anströmgeschwindigkeit um den Faktor 100 vergrößert und die kinematische Viskosität um den Faktor 10 verkleinert.

Wir wenden uns jetzt der Frage zu: Kann man die Navier-Stokes-Gleichungen vereinfachen?

[4] Die Massenerhaltung ändert, im Gegensatz zur Impulserhaltung, ihr Aussehen nicht. Denn

$$0 \overset{(4.3)}{=} \operatorname{div} v = \sum_{i=1}^{3} \partial_{x_i} v_i = \sum_{i=1}^{3} |v_\infty| \partial_{y_i} u_i \frac{1}{l} = \frac{|v_\infty|}{l} \operatorname{div} u \quad \Longrightarrow \quad \operatorname{div} u = 0.$$

Für viele Strömungen gilt $\mathrm{Re} \gg 1$. Dann ist

$$\varepsilon \Delta u = \frac{1}{\mathrm{Re}} \Delta u$$

ein sehr kleiner Term. Wenn wir ihn vernachlässigen, gehen die Navier-Stokes-Gleichungen in die Eulerschen Gleichungen

$$\begin{aligned} \partial_\tau u + (u \cdot \nabla) u &= -\nabla r, \\ \operatorname{div} u &= 0 \end{aligned}$$

über. Welche Phänomene beschreiben die Eulerschen Gleichungen, oder beschreiben sie nicht?

- Die Eulerschen Gleichungen erlauben keine Wirbelbildung, wenn zur Zeit $t = 0$ keine Wirbel vorhanden waren.
- Der Term $\varepsilon \Delta u$ ist nahe $\partial \Omega$ nicht klein.
- Der Körper leistet der Strömung keinen Widerstand (D'Alembertsches Paradoxon).
- Es wirken keine Auftriebskräfte.

Grund: Die Eulerschen Gleichungen sind eine singuläre Störung der Navier-Stokes-Gleichungen. Die Navier-Stokes-Gleichungen sind vom parabolischen, die Eulerschen Gleichungen vom hyperbolischen Typ.

Wir hatten eine Methode kennengelernt, wie man auch in einem solchen Fall Lösungen konstruieren kann, das „asymptotische Matching".

Wir betrachten jetzt die entdimensionalisierten Navier-Stokes-Gleichungen

$$\left.\begin{aligned} \partial_t v + (v \cdot \nabla) v &= -\nabla p + \frac{1}{\mathrm{Re}} \Delta v, \\ \operatorname{div} v &= 0 \end{aligned}\right\} \quad \text{in } \Omega$$
$$v = 0 \qquad \text{auf } \partial\Omega$$

für große Reynoldszahlen Re und daneben die Eulerschen Gleichungen

$$\left.\begin{aligned} \partial_t v + (v \cdot \nabla) v &= -\nabla p \\ \operatorname{div} v &= 0 \end{aligned}\right\} \quad \text{in } \Omega$$
$$v \cdot \vec{n} = 0 \qquad \text{auf } \partial\Omega.$$

Als Beispiel betrachten wir die 2-D-Strömung über einer festen Platte.

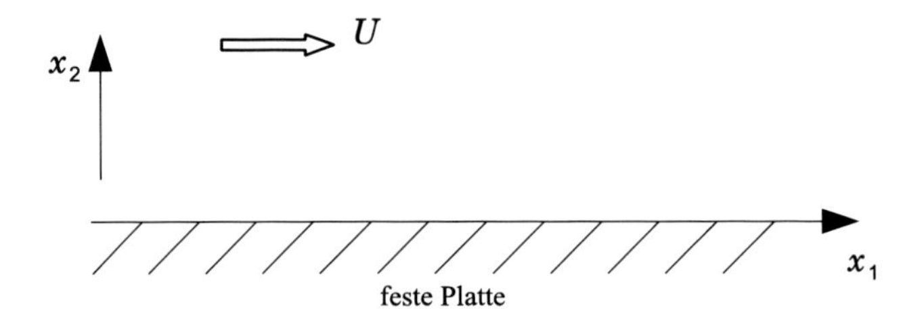

Wir nehmen an, dass

$$v(t, x_1, x_2) \to \begin{pmatrix} U_1 \\ 0 \end{pmatrix}$$

für $x_2 \to \infty$ gilt, d. h. keine Geschwindigkeitskomponente in x_2-Richtung in großer Entfernung von der Platte. Wir suchen eine Lösung der Form

$$v(t, x_1, x_2) = \begin{pmatrix} u(t, x_2) \\ 0 \end{pmatrix}, \quad \nabla p = 0.$$

Wegen

$$(v \cdot \nabla)v = v_1 \partial_{x_1} v + v_2 \, \partial_{x_2} v = v_1 \cdot 0 + 0 \cdot \partial_{x_2} v = 0 \quad \text{und} \quad \nabla p = 0$$

erhält man aus den Navier-Stokes-Gleichungen und den Randbedingungen folgendes Randwertproblem

$$\left.\begin{aligned} \partial_t u &= \frac{1}{\text{Re}} \partial_{x_2 x_2} u, \\ u(t, 0) &= 0, \\ u(t, x_2) &\to U_1 \qquad \text{für } x_2 \to \infty. \end{aligned}\right\} \tag{4.4}$$

Wir untersuchen nun die *Skalierungseigenschaft* von Lösungen u des Problems (4.4). Sei u Lösung von (4.4). Dann ist

$$w(t, x_2) := u\left(\frac{t}{T}, \frac{x_2}{L}\right)$$

Lösung von

$$\partial_t w = \partial_t u \frac{1}{T} = \frac{1}{\text{Re}} \frac{L^2}{T} \partial_{x_2 x_2} w \quad \text{für beliebige } L, T \in \mathbb{R}.$$

Die Funktion w erfüllt für $T = L^2$ wieder das Problem (4.4). Wir nehmen jetzt an, dass (4.4) genau eine Lösung hat. Das heißt, es gilt

$$u(t, x_2) = w(t, x_2) = u\left(\frac{t}{T}, \frac{x_2}{L}\right) \quad \text{für } T = L^2.$$

Setze $t := T$ und somit $L = \sqrt{t}$. Dann gilt

$$u(t, x_2) = u\left(1, \frac{x_2}{\sqrt{t}}\right).$$

Kennt man die Lösung zum festen Zeitpunkt $t^* = 1$, so erhält man die Lösung zur Zeit t durch eine einfache Streckung. Diese Eigenschaft der Lösung nennt man *Selbstähnlichkeit der Lösung.*

Wir führen diese Streckung als eine neue Variable $\eta := \frac{\sqrt{\mathrm{Re}}}{2} \frac{x_2}{\sqrt{t}}$ ein und definieren

$$f(\eta) := \frac{1}{U_1} u(t, x_2) = \frac{1}{U_1} u\left(t, \frac{2\sqrt{t}}{\sqrt{\mathrm{Re}}}\eta\right).$$

Für die Randwerte gelten dann $f(0) = 0$ und $f(\infty) = 1$. Wegen

$$\partial_t \eta = -\frac{1}{4}\sqrt{\mathrm{Re}}\frac{x_2}{t^{3/2}} = -\frac{1}{2}\frac{\eta}{t}$$

und

$$\partial_{x_2} \eta = \frac{\sqrt{\mathrm{Re}}}{2\sqrt{t}}, \quad \partial_{x_2 x_2} \eta = 0$$

folgt aus (4.4)

$$\begin{aligned} 0 = \frac{1}{U_1}\left(\partial_t u - \frac{1}{\mathrm{Re}}\partial_{x_2 x_2} u\right) &= \partial_t f(\eta) - \frac{1}{\mathrm{Re}}\partial_{x_2 x_2} f(\eta) \\ &= f'(\eta)\partial_t \eta - \frac{1}{\mathrm{Re}}(f''(\eta)(\partial_{x_2}\eta)^2 + f'(\eta)\partial_{x_2 x_2}\eta) \\ &= -\frac{\eta}{2t} f'(\eta) - \frac{1}{4t} f''(\eta). \end{aligned}$$

Die Funktion f muss somit das folgende Randwertproblem erfüllen

$$f''(\eta) + 2\eta f'(\eta) = 0, \quad f(0) = 0, \quad f(\infty) = 1.$$

Dann ist $f'(\eta) = ce^{-\eta^2}$ und $f(\eta) = c\int_0^\eta e^{-s^2} ds$.

Wegen

$$1 = f(\infty) = c \underbrace{\int_0^\infty e^{-s^2} ds}_{\text{Fehlerintegral}} = c\frac{\sqrt{\pi}}{2}$$

ergibt sich für f

$$f(\eta) = \frac{2}{\sqrt{\pi}} \int_0^{\eta} e^{-s^2} ds.$$

Somit gilt für die Lösung

$$u(t, x_2) = U_1 f(\eta) = U_1 \underbrace{\frac{2}{\sqrt{\pi}} \int_0^{\frac{\sqrt{\mathrm{Re}}}{2} \frac{x_2}{\sqrt{t}}} e^{-s^2} ds}_{\to 1 \text{ für } x_2 \to \infty}.$$

Das Fehlerintegral konvergiert sehr schnell, proportional $\sqrt{\frac{t}{\mathrm{Re}}}$, gegen 1.

Skizze:

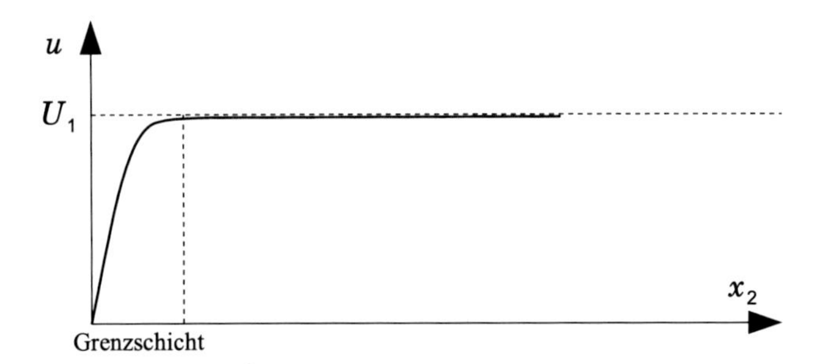

Wir sagen, dass wir uns in der Randschicht der Dicke $\varepsilon > 0$ (ε fest) befinden, falls

$$u < (1 - \varepsilon) U_1$$

gilt. Wegen der Monotonie von f gibt es genau ein η_0 mit

$$f(\eta_0) = 1 - \varepsilon.$$

Dann ist die Randschicht gegeben durch alle x_2, für die

$$\frac{\sqrt{\mathrm{Re}}}{2} \frac{x_2}{\sqrt{t}} < \eta_0 \qquad \left(\text{oder } x_2 < 2\sqrt{\frac{t}{\mathrm{Re}}}\eta_0 \right)$$

gilt.

Ergebnis: Die Dicke der Randschicht ist proportional $\sqrt{\frac{1}{\mathrm{Re}}}$.

4.2 Grenzschichten

Im vorigen Abschnitt haben wir erkannt, dass die Grenzschicht einer Strömung umgekehrt proportional der Reynoldsschen Zahl ist. Das heißt, je zäher das Fluid (umso kleiner die Reynoldszahl), umso größer die Grenzschicht und umgekehrt. Wir wollen jetzt die Methode der asymptotischen Entwicklung und des „asymptotischen Matching“ auf Navier-Stokes-Gleichungen anwenden. Es ist unser Ziel gute Näherungen zu deren exakten Lösungen zu berechnen. Wir beschränken uns auf die Umströmung eines flachen Körper im $\mathbb{R}^2$. Die Geschwindigkeit habe also zwei Komponenten $(u,v)^t \in \mathbb{R}^2$, die jeweils von den Variablen (x,y) abhängen.

Dann lauten die Navier-Stokes-Gleichungen in der entdimensionalisierten Form mit Haftrandbedingungen bei $\{y=0\}$

$$\left.\begin{aligned} \partial_t u + u\partial_x u + v\partial_y u &= -\partial_x p + \frac{1}{\mathrm{Re}}\Delta u \\ \partial_t v + u\partial_x v + v\partial_y v &= -\partial_y p + \frac{1}{\mathrm{Re}}\Delta v \\ \partial_x u + \partial_y v &= 0 \end{aligned}\right\} \quad \text{in } \{y>0\}$$

$$u = v = 0 \qquad \text{auf } \{y=0\}.$$

Wir betrachten den Fall großer Reynoldszahlen, zum Beispiel bei Gasströmungen. Sei

$$\varepsilon := \frac{1}{\mathrm{Re}}$$

klein. Wir betrachten also den singulären Fall von (4.2).

In einem *1. Schritt* untersuchen wir den Fall großer Entfernungen von der Grenzschicht und machen eine äußere asymptotische Entwicklung für die Lösung $(u,v,p)^t$ in der Form

$$\begin{aligned} u &= u_0 + \varepsilon u_1 + \varepsilon u_2 + \ldots, \\ v &= v_0 + \varepsilon v_1 + \varepsilon v_2 + \ldots, \\ p &= p_0 + \varepsilon p_1 + \varepsilon p_2 + \ldots \end{aligned}$$

Diese Entwicklungen setzen wir in die Navier-Stokes-Gleichungen (4.2) ein und vergleichen in Ordnungen von ε.

In nullter Ordnung (ε^0) ergeben sich die Eulerschen Gleichungen

$$\left.\begin{aligned} \partial_t u_0 + u_0\partial_x u_0 + v_0\partial_y u_0 &= -\partial_x p_0 \\ \partial_t v_0 + u_0\partial_x v_0 + v_0\partial_y v_0 &= -\partial_y p_0 \\ \partial_x u_0 + \partial_y v_0 &= 0 \end{aligned}\right\} \quad \text{in } \{y>0\}. \tag{4.5}$$

Im *2. Schritt* betrachten wir das Gebiet der Grenzschicht nahe des Randes $\{y=0\}$. Die Lösung wird sich in y-Richtung stark ändern und damit auch die Geschwindigkeit v. Wir betrachten daher die Umgebung nahe $\{y=0\}$ mit der Lupe und skalieren

$$t := t, \quad X := x, \quad Y := \frac{y}{\varepsilon^k}$$

mit einem noch zu bestimmenden Parameter $k \in \mathbb{R},\ k > 0$. Setze

$$u(t,x,y) =: U(t,\, X,\, Y) = U\left(t,\, x,\, \frac{y}{\varepsilon^k}\right),$$

$$v(t,x,y) =: V(t,\, X,\, Y) = V\left(t,\, x,\, \frac{y}{\varepsilon^k}\right),$$

$$p(t,x,y) =: P(t,\, X,\, Y) = P\left(t,\, x,\, \frac{y}{\varepsilon^k}\right).$$

Für U, V, P setzen wir an für $m \in \mathbb{R},\ m > 0$

$$\begin{aligned} U &= U_0 + \varepsilon^m U_1 + \varepsilon^{2m} U_2 + \ldots, \\ V &= V_0 + \varepsilon^m V_1 + \varepsilon^{2m} V_2 + \ldots, \\ P &= P_0 + \varepsilon^m P_1 + \varepsilon^{2m} P_2 + \ldots \end{aligned}$$

Mit diesen Ansätzen gehen wir in die Gleichung für die Massenerhaltung $\partial_x u + \partial_y v = 0$ ein. Dann

$$\begin{aligned} 0 = \partial_x u + \partial_y v &= \partial_X U + \varepsilon^{-k} \partial_Y V \\ &= \partial_X U_0 + \varepsilon^m \partial_X U_1 + \ldots + \varepsilon^{-k}\big(\partial_Y V_0 + \varepsilon^m \partial_Y V_1 + \ldots\big). \end{aligned}$$

Die Näherung niedrigster (nullter) Ordnung ergibt

$$\partial_Y V_0 = 0.$$

Wegen $V(t, X, 0) = 0$ (Randbedingung) gilt

$$V_0 = 0.$$

Die Näherung nächster (erster) Ordnung ist nur dann sinnvoll, wenn $m = k$ gesetzt wird

$$\Longrightarrow \quad \partial_X U_0 + \partial_Y V_1 = 0.$$

Nun gehen wir mit diesen Ansätzen in die Impulserhaltung von (4.2) ein und gleichen danach wieder in den Potenzen von ε ab. Für $m = k$ und $V_0 = 0$ erhalten wir durch das Einsetzen der Ansätze

$$\partial_t U_0 + U_0 \partial_X U_0 + \varepsilon^k V_1 \partial_Y U_0 \varepsilon^{-k} + \ldots = -\partial_X P_0 + \varepsilon \partial_{XX} U_0 + \varepsilon^{1-2k} \partial_{YY} U_0 + \ldots,$$

$$\varepsilon^k \partial_t V_1 + \varepsilon^k U_0 \partial_X V_1 + \varepsilon^{2k} V_1 \partial_Y V_1 \varepsilon^{-k} + \ldots = -\varepsilon^{-k} \partial_Y P_0 + \varepsilon^{1+k} \partial_{XX} V_1 + \varepsilon^{1+k-2k} \partial_{YY} V_1 + \ldots$$

Aus der ersten Gleichung liest man ab, dass nur $k = 1/2$ sinnvoll ist. Denn wäre $k > 1/2$, so müsste man zur Ausbalancierung

$$\partial_{YY} U_0 = 0$$

setzen. Somit würden nur viskose Terme in nullter Nährung berücksichtigt und die Beschleunigungsterme blieben unberücksichtigt. Für $k < 1/2$ hingegen würde man in nullter Nährung die viskosen Terme total vernachlässigen. Wir wären damit zu weit weg vom Rand. Also setzen wir

$$k = \frac{1}{2}$$

und erhalten in niedrigster (nullter) Ordnung in der Grenzschicht die Beziehungen

$$\begin{aligned} \partial_t U_0 + U_0 \partial_X U_0 + V_1 \partial_Y U_0 &= -\partial_X P_0 + \partial_{YY} U_0, \\ \partial_Y P_0 &= 0. \end{aligned} \tag{4.6}$$

Als Randbedingungen gilt

$$U_0 = V_1 = 0 \quad \text{auf } \{Y = 0\}.$$

Insbesondere hängt der Druck nicht von Y ab, also

$$P_0 = P_0(t, X).$$

Im 3. *Schritt* werden die Approximationen innerhalb der Grenzschicht und außerhalb der Grenzschicht aufeinander abgestimmt („gematcht"). Setze

$$y_\beta := \frac{y}{\varepsilon^\beta} = Y\varepsilon^{\frac{1}{2}-\beta} \quad \text{mit } 0 < \beta < \frac{1}{2}.$$

Wir unterdrücken die Abhängigkeit von x und t und setzen in (4.5)

$$\tilde{u}_0(y_\beta) := u_0(y_\beta \varepsilon^\beta), \quad \tilde{v}_0(y_\beta) := v_0(y_\beta \varepsilon^\beta), \quad \tilde{p}_0(y_\beta) := p_0(y_\beta \varepsilon^\beta).$$

Weiter in (4.6)

$$\tilde{U}_0(y_\beta) := U_0(y_\beta \varepsilon^{\beta-\frac{1}{2}}), \quad \tilde{V}_0(y_\beta) := V_0(y_\beta \varepsilon^{\beta-\frac{1}{2}}) \equiv 0, \quad \tilde{P}_0(y_\beta) := P_0(y_\beta \varepsilon^{\beta-\frac{1}{2}}).$$

Wir verlangen nun, dass für $\varepsilon \to 0$ die Werte von $(\tilde{u}_0, \tilde{v}_0, \tilde{p}_0)$ und von $(\tilde{U}_0, \tilde{V}_0, \tilde{P}_0)$ übereinstimmen. Dann gilt

$$\lim_{y \to 0} v_0(y) = 0$$

und weiter

$$\begin{aligned} u_0(t, x, 0) &= U_0(t, X, \infty), \\ p_0(t, x, 0) &= P_0(t, X, \infty). \end{aligned}$$

Wegen $\partial_Y P_0 = 0$ folgt

$$p_0(t,x,0) = P_0(t,X),$$

und da $x = X$

$$\partial_x p_0(t,x,0) = \partial_X P_0(t,X).$$

Aus der ersten Gleichung in (4.5) erhalten wir

$$\partial_t u_0(t,x,0) + u_0(t,x,0)\partial_x u_0(t,x,0) = -\partial_x p_0(t,x,0).$$

Damit ergibt sich in der Grenzschicht folgendes Gleichungssystem:

$$\left.\begin{aligned} \partial_t U_0 + U_0 \partial_X U_0 + V_1 \partial_Y U_0 &= \underbrace{\underbrace{-\partial_X P_0}_{=\partial_t u_0 + u_0 \partial_x u_0}}_{\text{bekannt!}} + \partial_{YY} U_0 \\ \partial_X U_0 + \partial_X V_1 &= 0 \end{aligned}\right\} \quad \text{in } Y > 0, \tag{4.7}$$

$$U_0 = V_1 = 0 \qquad \text{auf } \{Y = 0\}, \tag{4.8}$$

$$U_0(t,x,Y) = u_0(t,x,0) \qquad \text{auf } \{Y = \infty\}. \tag{4.9}$$

Für die äußere Entwicklung lösen wir die Eulerschen Gleichungen mit der Randbedingung

$$v_0 = 0.$$

Das entspricht der bekannten Bedingung, dass die Normalenkomponente des Geschwindigkeitsvektors am Rand verschwindet.

Zusammenfassend erhält man das folgende System von Gleichungen zur Berechnung der nullten Nährung einer Strömung mit großer Reynoldszahl:

- außerhalb einer Grenzschicht die *Eulerschen Gleichungen*

$$\left.\begin{aligned} \partial_t u_0 + u_0 \partial_x u_0 + v_0 \partial_y u_0 &= -\partial_x p_0 \\ \partial_t v_0 + u_0 \partial_x v_0 + v_0 \partial_y v_0 &= -\partial_y p_0 \\ \partial_x u_0 + \partial_y v_0 &= 0 \end{aligned}\right\} \quad \text{in } (t,\, x,\, y) \text{ mit } t,\, y > 0,$$

$$\begin{pmatrix} u_0 \\ v_0 \end{pmatrix} \cdot \vec{n} = 0 \qquad \text{auf } \{y = 0\},$$

- innerhalb einer Grenzschicht die *Prandtlschen Grenzschicht-Gleichungen*

$$\left.\begin{aligned} \partial_t U_0 + U_0 \partial_X U_0 + V_1 \partial_Y U_0 &= \partial_{YY} U_0 + \partial_t u_0 + u_0 \partial_x u_0 \\ \partial_X U_0 + \partial_Y V_1 &= 0 \end{aligned}\right\} \quad \text{in } (t,X,Y) \text{ mit } t, Y > 0,$$

$$U_0 = V_1 = 0 \qquad \text{auf } \{Y = 0\},$$

$$U_0(t,X,\infty) = u_0(t,x,0) \qquad \forall t, X = x.$$

▶ **Bemerkung 4.4** Gemessen in einer geeigneten Norm ist der Fehler, den man macht, wenn man in der Grenzschicht die Prandtlschen Grenzschicht-Gleichungen anstatt der Navier-Stokes-Gleichungen löst $\mathcal{O}(\sqrt{\varepsilon})$.

4.3 Hele-Shaw-Strömungen

In vielen Anwendungen begegnet man Mehrphasenströmungen, bei denen Flüssigkeiten unterschiedlicher Viskositäten sich nicht mischen, sondern filigrane Verteilungsmuster ausbilden. Ein Beispiel hierfür findet man bei der Exploration von Erdöl: Zur Erhöhung des Ertrages wird Wasser in den Boden gepumpt, sodass das Erdöl durch spezielle Röhren nach oben drückt. Dabei kann das Phänomen des „Fingerings" auftreten, welches den Ertrag verringert (Abb. 4.1).

Wir wollen in diesem Abschnitt die zeitliche Entwicklung des Randes $\partial\Omega(t)$ studieren. Dabei nehmen wir vereinfachend an, dass sich zwischen zwei parallelen und unendlich ausgedehnten ebenen Platten mit Abstand $2h > 0$ $(h \ll 1)$ eine Flüssigkeit befindet, die im Verlauf der Zeit die dort vorhandene Luft verdrängt. Eine solche Strömung heißt *Hele-Shaw-Strömung*[5] und repräsentiert ein spezielles Randwertproblem. Der Rand von $\Omega(t)$ ist a priori unbekannt und Teil des Problems. Die Bewegung der Flüssigkeit in $\Omega(t)$ werde durch die kompressiblen Navier-Stokes-Gleichungen

$$\begin{aligned}\partial_t(\rho u) + \operatorname{div}(\rho u \otimes u) + \nabla p &= \nabla((\lambda + \mu)\operatorname{div} u) + \mu\Delta u,\\ \partial_t \rho + \operatorname{div}(\rho u) &= 0\end{aligned}$$

beschrieben, wobei $\rho = \rho(t,x)$ die Dichte der Flüssigkeit und $u = u(t,x)$ ihre Geschwindigkeit darstellen.

Wir machen folgende Annahmen (vgl. Abb. 4.2):

- Die Flüssigkeit ist homogen ($\rho = \rho_0 =$ konstant) und stationär ($\partial_t u = 0$).
- Der Abstand h sei so klein, dass es keine Strömung in x_3-Richtung gibt, d. h. $u = (u_1, u_2, 0)^T$.
- Die Ableitungen von u nach x_1 und x_2 sind vernachlässigbar, verglichen mit der Ableitung nach x_3.
- An den Platten gilt die Haftbedingung $u = 0$ für $x_3 = \pm h$.

Wegen der ersten Annahme folgt $\operatorname{div} u = 0$ und damit weiter

$$\rho_0(u \cdot \nabla)u + \nabla p = \mu\Delta u. \tag{4.10}$$

[5] Hele-Shaw, Henry S.: 1854–1941, britischer Ingenieur. Pionier auf dem Gebiet der Automobiltechnik und Luftfahrt.

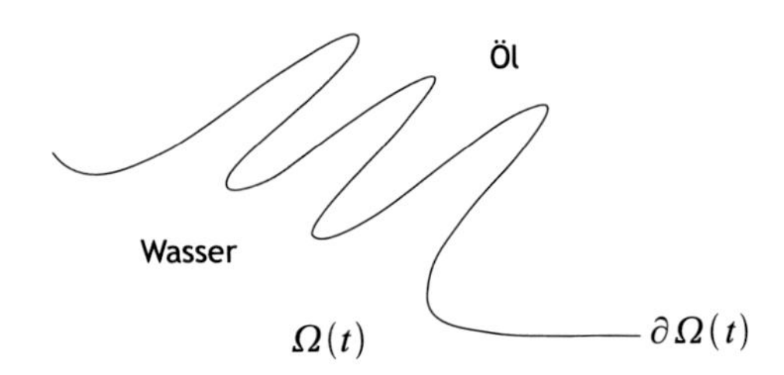

Abb. 4.1 Fingering

Aus der zweiten und dritten Annahme ergibt sich

$$(u \cdot \nabla)u = u_1 \partial_{x_1} u + u_2 \partial_{x_2} u + \underbrace{u_3 \partial_{x_3} u}_{=0} = u_1 \partial_{x_1} u + u_2 \partial_{x_2} u \approx 0$$

und

$$\Delta u = \begin{pmatrix} \partial_{x_3 x_3} u_1 \\ \partial_{x_3 x_3} u_2 \\ 0 \end{pmatrix}.$$

Dann folgt mit (4.10)

$$\nabla p = \mu \partial_{x_3 x_3} \begin{pmatrix} u_1 \\ u_2 \\ 0 \end{pmatrix}.$$

Daraus folgt speziell

$$\partial_{x_3} p = 0.$$

Das heißt, der Druck p ist eine Funktion von x_1 und x_2 alleine und konstant bezüglich x_3. Wir integrieren bezüglich x_3 und erhalten

$$u_1(x_1, x_2, x_3) = A(x_1, x_2) + B(x_1, x_2)x_3 + \frac{x_3^2}{2\mu} \partial_{x_1} p.$$

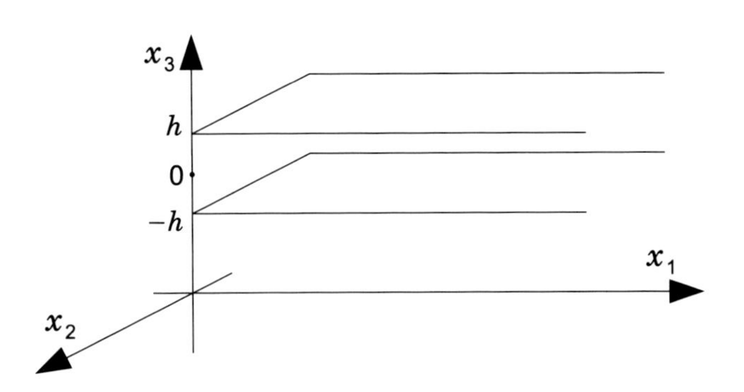

Abb. 4.2 Geometrie einer Hele-Shaw-Zelle

Unter Berücksichtigung der Randbedingungen $u = 0$ für $x_3 = \pm h$ lässt sich setzen

$$A = -\frac{h^2}{2\mu}\partial_{x_1} p, \quad B = 0.$$

Dann gilt

$$u_1(x_1, x_2, x_3) = -\frac{h^2 - x_3^2}{2\mu}\partial_{x_1} p(x_1, x_2)$$

und analog

$$u_2(x_1, x_2, x_3) = -\frac{h^2 - x_3^2}{2\mu}\partial_{x_2} p(x_1, x_2).$$

Wir führen eine Mittelung bezüglich x_3 über $(-h, +h)$ durch und definieren

$$v_1 := \frac{1}{2h}\int_{-h}^{+h} u_1 \, dx_3 \quad \text{und} \quad v_2 := \frac{1}{2h}\int_{-h}^{+h} u_2 \, dx_3.$$

Dann ist

$$v_1 = -\frac{1}{4\mu h}\int_{-h}^{+h} (h^2 - x_3^2)\, dx_3 \cdot \partial_{x_1} p = -\frac{h^2}{3\mu}\partial_{x_1} p$$

und

$$v_2 = -\frac{h^2}{3\mu}\partial_{x_2} p.$$

Mit $v := (v_1, v_2)^T$ erhalten wir

$$v = -\frac{h^2}{3\mu}\nabla p,$$

und da $\operatorname{div} v = 0$ folgt

$$\Delta p = 0$$

oder nach Umskalierung

$$v = -\nabla p \quad \text{und} \quad \Delta p = 0 \quad \text{in } \Omega(t), \tag{4.11}$$

wobei $\Omega(t)$ die 2-D-Projektion des Flüssigkeitsgebietes sei. Der Druck p ist eine harmonische Funktion in $\Omega(t)$. Allerdings ist $\Omega(t)$ selbst unbekannt.

Es ist unser Ziel, eine Formel für die zeitliche Entwicklung von $\partial\Omega(t)$ herzuleiten. Wir nehmen dazu an, dass der Druck p auf dem Rand $\partial\Omega(t)$ konstant ist. Das gilt näherungsweise, wenn die Krümmung des Randes nicht zu groß ist. Sonst muss man $p = 0$ auf $\partial\Omega(t)$ durch

$$p = \gamma\kappa \quad \text{auf } \partial\Omega(t)$$

ersetzen. Hierbei ist κ die Krümmung und γ der Koeffizient der Oberflächenspannung. O. B. d. A. nehmen wir nach Wahl eines geeigneten Referenzdruckes

$$p = 0 \quad \text{auf } \partial\Omega(t)$$

an. Es sei $(x_1(t), x_2(t))^T$ eine Lösungstrajektorie, für welche $(x_1'(t), x_2'(t))^T = v$ gilt. Dann folgt auf $\partial\Omega(t)$

$$0 = \frac{d}{dt}p(t, x_1(t), x_2(t)) = \nabla p \cdot \left(\frac{d}{dt}x_1(t), \frac{d}{dt}x_2(t)\right)^T + \partial_t p = \partial_t p + v \cdot \nabla p$$

$$\overset{(4.11)}{\Longrightarrow} \quad \partial_t p - |\nabla p|^2 = 0 \quad \text{auf } \partial\Omega(t).$$

Wir nehmen an, dass sich an der Stelle $(x_1, x_2) = 0$ eine Quelle (Wasserinjektion) oder Senke (Wasserabsaugung) befindet:

$$p(x_1, x_2) \sim -\frac{Q}{2\pi}\ln(x_1^2 + x_2^2)^{1/2}$$

für $(x_1, x_2) \to 0$. O. B. d. A. sei $(0,0) \in \mathring{\Omega}(t)$.

Folgerung 4.5

$$p \cdot \left(-\frac{2\pi}{Q\ln(x_1^2 + x_2^2)^{1/2}}\right) \to 1 \quad \textit{für } (x_1, x_2) \to (0,0).$$

Damit haben wir zur Bestimmung des *freien Randes* $\partial\Omega(t)$ folgendes System zu lösen:

$$\begin{aligned} &(v = -\nabla p), & \Delta p &= 0 && \text{in } \Omega(t) \\ &p = 0, & \partial_t p - |\nabla p|^2 &= 0 && \text{auf } \partial\Omega(t) \\ && p(x_1, x_2) &\sim -\frac{Q}{2\pi}\ln(x_1^2 + x_2^2)^{1/2} && \text{für } (x_1, x_2) \to (0,0). \end{aligned}$$

Das (unbekannte) Gebiet $\Omega(t)$ wird auf dem Einheitskreis in der komplexen ζ-Ebene transformiert und die Transformation bestimmt.

Seien $t := x_1 + ix_2 \in \mathbb{C}$ und $\{\zeta \in \mathbb{C} : |\zeta| < 1\}$ der (offene) Einheitskreis. Wir setzen voraus, dass $\Omega(t)$ beschränkt und einfach zusammenhängend ist. Nach dem Riemannschen Abbildungssatz gilt:

$$\exists f(\cdot, t) : \{\zeta \in \mathbb{C} : |\zeta| \leq 1\} \to \overline{\Omega(t)}, \quad z = f(\zeta, t) \quad \text{mit}$$

(i) $f(\{|\zeta| = 1\}) = \partial\Omega(t)$,
(ii) $\zeta \mapsto f(\zeta, t)$ ist analytisch,
(iii) f ist reell und positiv für $\zeta = 0$,
(iv) $df\zeta \neq 0$.

Frage: Welcher Differentialgleichung genügt f?

Sei $w(z) := p(x_1, x_2) + i\psi(x_1, x_2)$ der „komplexe" Druck mit einer Funktion ψ. Dann ist

$$w(z) = w(f(\zeta, t)) = -\frac{Q}{2\pi} \ln \zeta, \tag{4.12}$$

wegen

$$\begin{aligned} \Delta p = \Re \Delta \ln |\zeta| &= 0 \quad && \text{in } \{|\zeta| < 1\}, \\ p := -\frac{Q}{2\pi} \ln |\zeta| &= 0 \quad && \text{auf } \{|\zeta| = 1\}, \\ \text{und} \quad p \sim -\frac{Q}{2\pi} \ln |\zeta| & && \text{für } \zeta \to 0. \end{aligned}$$

Es bleibt noch die Gleichung

$$\partial_t p - |\nabla p|^2 = 0$$

in die komplexe Ebene auf $|\zeta| = 1$ zu transformieren. Es folgt

$$\Re [\partial_t w(f(\zeta, t))] = \left| \frac{dw}{dz}(f(\zeta, t)) \right|^2 \quad (|\zeta| = 1). \tag{4.13}$$

Aus (4.12) resultieren

$$\partial_\zeta w = -\frac{Q}{2\pi} \frac{1}{\zeta}$$

und andererseits

$$\begin{aligned} \partial_\zeta w &= \frac{dw}{dz} \cdot \partial_\zeta f \\ \Longrightarrow \quad \frac{dw}{dz} &= -\frac{Q}{2\pi} \left(\zeta \partial_\zeta f\right)^{-1}. \end{aligned}$$

Eingesetzt in (4.13) folgt:

$$\Re\left[-\frac{Q}{2\pi}\left(\zeta\partial_\zeta f\right)^{-1}\partial_t f\right]=\left|\frac{Q}{2\pi}\left(\zeta\partial_\zeta f\right)^{-1}\right|^2$$
$$\Longrightarrow \quad -\frac{Q}{2\pi}=\Re\left[\left|\zeta\partial_\zeta f\right|^2\left(\zeta\partial_\zeta f\right)^{-1}\partial_t f\right]=\Re\left[\overline{\zeta\partial_\zeta f}\partial_t f\right]=\Re\left[\zeta\partial_\zeta f\overline{\partial_t f}\right].$$

Folgerung 4.6 *Jede injektive Funktion f mit den Eigenschaften* (i)–(iv), *die der Relation*

$$\Re\left[\zeta\partial_\zeta f\overline{\partial_t f}\right]=-\frac{Q}{2\pi}\quad (|\zeta|=1)$$

genügt, liefert eine Lösung der Hele-Shaw-Strömung.

Wir geben ein Beispiel und fragen nach Hele-Shaw-Strömungen, die Funktionen der Form

$$f(\zeta,t)=\sum_{k=-1}^{n}a_k(t)\zeta^k,\quad a_k(t)\in\mathbb{R}$$

ergeben. Mit diesem Ansatz gehen wir in

$$\Re\left[\zeta\partial_\zeta f\overline{\partial_t f}\right]=-\frac{Q}{2\pi}$$

ein und machen einen Koeffizientenvergleich. Wir erhalten

$$\sum_{k=-1}^{n}ka_ka_k'=-\frac{Q}{2\pi}$$

und

$$\sum_{k=-1}^{n-j}\left(ka_ka_{k+j}'+(k+j)a_{k+j}a_k'\right)=0,\quad j=1,\dots,n+1.$$

Das ist ein System gewöhnlicher Differentialgleichungen für Koeffizientenfunktionen $a_{-1},a_0,a_1,\dots,a_n$ mit den Anfangswerten

$$a_j(0)=\alpha_j,\quad j=-1,0,\dots,n,$$

die sich aus der Transformation

$$f(\zeta,0)=\sum_{k=-1}^{n}\alpha_k\zeta^k$$

des gegebenen Gebiets $\Omega(0)$ ergeben.

Behauptung Eine Lösung des Anfangswertproblems kann nicht für alle Zeiten $t \geq 0$ existieren, wenn $n \geq 2$ und $Q > 0$ gilt.

Beweis Für $j = n + 1$ erhält man die Differentialgleichung

$$-a_{-1}a'_n + na_n a'_{-1} = 0$$
$$\Longrightarrow \quad n\frac{a'_{-1}}{a_{-1}} - \frac{a'_n}{a_n} = 0 \quad \text{oder} \quad \frac{d}{dt}\ln\frac{a_n}{a_{-1}^n} = 0$$

$\Rightarrow$ (Integration von 0 bis t)

$$a_n(t) = \alpha_n\left(\frac{a_{-1}(t)}{\alpha_{-1}}\right)^n .$$

Aus $\sum_{k=-1}^n ka_k a'_k = -\frac{Q}{2\pi}$ erhält man

$$\frac{d}{dt}\left(\sum_{k=-1}^n ka_k^2\right) = -\frac{Q}{\pi}$$

und nach Integration schließlich

$$\sum_{k=-1}^n k(a_k^2(t) - \alpha_k^2) = -\frac{Qt}{\pi}$$
$$\overset{\text{Umformulierung}}{\Longrightarrow} \quad a_{-1}^2(t) = \alpha_{-1}^2 + \frac{Qt}{\pi} + \sum_{k=1}^n k(a_k^2(t) - \alpha_k^2) \to \infty \quad \text{für } t \to \infty,$$

wegen $Q > 0$. Andererseits folgt mit

$$a_n(t) = \alpha_n\left(\frac{a_{-1}}{\alpha_{-1}}\right)^n$$

die Beziehung und schließlich die Abschätzung

$$\begin{aligned} a_{-1}^2(t) &= n(a_n^2(t) - \alpha_n^2) + \sum_{k=1}^{n-1} k(a_k^2(t) - \alpha_k^2) + \frac{Qt}{\pi} + \alpha_{-1}^2 \\ &= \frac{Qt}{\pi} + n\alpha_n^2 \cdot \alpha_{-1}^{-2n} \cdot a_{-1}^{2n}(t) + \sum_{k=1}^{n-1} k(a_k^2(t) - \alpha_k^2) + \alpha_{-1}^2 - n\alpha_n^2 \\ &\geq n\alpha_n^2\alpha_{-1}^{-2n}a_{-1}^{2n}(t) - \sum_{k=1}^{n-1} k\alpha_k^2 - n\alpha_n^2 = n\alpha_n^2\alpha_{-1}^{-2n}a_{-1}^{2n}(t) - \sum_{k=1}^{n} k\alpha_k^2 \end{aligned}$$

oder weiter

$$\underbrace{a_{-1}^2(t)\left(1 - n\alpha_n^2\alpha_{-1}^{-2n}a_{-1}^{2n-2}(t)\right)}_{\to -\infty \text{ für } t\to\infty} \geq -\sum_{k=1}^n k\alpha_k^2 > -\infty. \tag{4.14}$$

Wegen der Abschätzung oben folgt Widerspruch. □

Die Lösung kann also nicht für alle Zeiten existieren. Um dieses unerwartete Ergebnis besser zu verstehen, betrachten wir einen Spezialfall.

Sei $f(\zeta, t) = a_1(t)\zeta + a_2(t)\zeta^2$ für $|\zeta| \leq 1$.

Wir erhalten dann die beiden Gleichungen:

$$\frac{d}{dt}(a_1^2 + 2a_2^2) = -\frac{Qt}{\pi} \quad \text{und} \quad 0 = a_1 a_2' + 2a_2 a_1' = \frac{1}{a_1}\frac{d}{dt}(a_1^2 a_2)$$
$$\Longrightarrow \quad a_1^2(t) + 2a_2^2(t) = -\frac{Qt}{\pi} + \alpha_1^2 + 2\alpha_2^2 \quad \text{und} \quad a_1^2(t)a_2^2(t) = \alpha_1^2 \cdot \alpha_2.$$

Wir suchen eine Zeit $t = t^* > 0$, sodass

$$a_1^2(t^*) + 2a_2^2(t^*) = -\frac{Qt^*}{\pi} + \alpha_1^2 + 2\alpha_2^2 = 3(\alpha_1^2\alpha_2)^{2/3} = 3(a_1^2(t^*)a_2(t^*))^{2/3}$$

die Lösung $a_2(t^*) = a_1(t^*)$ unter der Annahme $\alpha_1, \alpha_2 > 0$ besitzt. Die Zeit

$$t^* = -\frac{\pi}{Q}\left(3(\alpha_1^2\alpha_2)^{2/3} - (\alpha_1^2 + 2\alpha_2^2)\right) > 0$$

leistet das Gewünschte

$$\Longrightarrow \quad \partial_\zeta f(\zeta, t^*) = a_1(t^*) + 2a_2(t^*)\zeta = a_1(t^*) - a_2(t^*) = 0 \quad \text{für } \zeta = \frac{1}{2}$$

$\Rightarrow f(\zeta, t^*)$ ist nicht mehr injektiv, d. h. die Transformation ist nicht mehr zulässig!

Anders betrachtet:

Der Rand $z = f(\zeta, t) = a_1(t)\zeta + a_2(t)\zeta^2$, $|\zeta| = 1$ hat bei $t = t^*$ eine Singularität, d. h., die Krümmung wird dort unendlich. Das war aber in unserem Modell gerade ausgeschlossen. Das Modell muss verbessert werden (Zulassen von Oberflächenspannungen!).

4.4 Aufgaben

1. Welche Länge sollte der metallene, nicht isolierte Griff einer Eisenpfanne mindestens haben, damit man sich beim Kochen nicht die Hände verbrennt?
2. Wir betrachten eine stationäre, inkompressible, nicht-viskose Strömung im zweidimensionalen Raum. Auf die Strömung wirken keine äußeren Kräfte f, das heißt $f \equiv 0$.

   Zeigen Sie, dass die Wirbeldichte rot v entlang der Bahnlinien $y(t)$ konstant bleibt!
3. **Potenzialströmungen** Wir betrachten eine stationäre, wirbelfreie (rot $v = 0$) und reibungsfreie Strömung konstanter Dichte ρ. Zeigen Sie das Gesetz von Bernoulli

   $$\rho\frac{v^2}{2} + p = \text{konstant}.$$

   Das Gesetz besagt, dass in der Strömung ein Geschwindigkeitsabfall von einem Druckanstieg begleitet wird.

4. **Ölpipeline** Durch ein Rohr der Länge L und des Radius R ($L \gg R$) fließt eine homogene, stationäre Flüssigkeit (z. B. Öl) mit konstanter Dichte ρ und Geschwindigkeit $v = (v_1, v_2, v_3)$. Wir nehmen an, dass der Druck im Rohr linear abfällt und dass am Rand des Rohres die Haftbedingung gilt.
   (a) Zeigen Sie, dass mit
   $$\partial_x p = \mu \Delta v_1(\|(x, y, z)\|), \quad v_1(R) = 0 \qquad (*)$$
   ein angemessenes Modell zur Beschreibung des Prozesses aufgestellt wurde.
   (b) Berechnen Sie eine Lösung von Modell $(*)$!
   (c) Zeigen Sie, dass eine geringfügige Verkleinerung des Rohrradius R eine beträchtliche Verringerung der durchströmenden Füssigkeitsmenge zur Folge hat.
5. **Grenzschichten, ebene Couette-Strömung, beeinflusst vom Druckgradienten** Wir betrachten im zweidimensionalen Raum ($x = (x_1, x_2) \in \mathbb{R}^2$) eine inkompressible, stationäre Strömung unter einem Kräftefeld $f = (0, f_2)$, welche sich zwischen zwei Platten mit Abstand d bewegt. Die obere Platte hat überdies die Geschwindigkeit U in Richtung x_1.
   (a) Zeigen Sie, dass sich die Lösung darstellen lässt durch
   $$v(t, x) = (v_1(x_1, x_2), v_2(x_1, x_2)) = \left(U\left[1 - \chi\left(1 - \frac{x_2}{d}\right)\right]\frac{x_2}{d}, 0\right)$$
   mit einem dimensionslosen Parameter χ.
   (b) Skizzieren Sie das Geschwindigkeitsprofil für v_1/U entlang der x_2/d Achse, falls erstens $\partial_{x_1} p > 0$, zweitens $\partial_{x_1} p = 0$, drittens $\partial_{x_1} p < 0$, viertens $\partial_{x_1} p = 2\mu U/d^2$ und fünftens $\partial_{x_1} p > 2\mu U/d^2$.

Thermodynamik, Diffusion

5

5.1 Hauptsätze der Thermodynamik

Die Thermodynamik beschäftigt sich mit den Gesetzmäßigkeiten, die bei der Umwandlung von einer Energieform, zum Beispiel Wärme, in eine andere auftreten. Diese Gesetzmäßigkeiten sind in den Hauptsätzen der Thermodynamik formuliert. Jedes thermodynamische System muss ihnen genügen. In der Modellbildung sind insbesondere nur solche konstitutiven Gesetze zu den Erhaltungsgleichungen zulässig, die diese Forderung erfüllen.

0. Hauptsatz der Thermodynamik[1] Es existiert eine Temperatur als Grundlage zur Messung der Wärmemenge eines Körpers. Also, es existiert eine Funktion

$$\theta = \theta(t, x) > 0 \quad \text{absolute Temperatur.}$$

1. Hauptsatz der Thermodynamik[2]

$$\begin{matrix}\text{Änderung der} \\ \text{Gesamtenergie}\end{matrix} = \begin{matrix}\text{Energiefluss} \\ \text{über den Rand}\end{matrix} + \begin{matrix}\text{Energieproduktion} \\ \text{im Inneren}\end{matrix}$$

Also, für alle Testvolumina $V(t)$ gilt

$$\frac{d}{dt} \int_{V(t)} \left(\rho u + \frac{\rho}{2} v^2\right) dx = \int_{\partial V(t)} (\sigma^T v - q) \cdot \vec{n} ds_x + \int_{V(t)} (\rho f \cdot v + \rho g) dx.$$

[1] Historische Formulierung des 0. Hauptsatzes [8]: „*There exists for every thermodynamic system in equilibrium a property called temperature. Equality of temperature is a necessary and sufficient condition for thermal equilibrium.*"

[2] Historische Formulierung des 1. Hauptsatzes [8]: „*There exists for every thermodynamic system a property called the energy. The change of energy of a system is equal to the mechanical work done on the system in an adiabatic process. In a non-adiabatic process, the change in energy is equal to the heat added to the system minus the mechanical work done by the system.*"

K.-H. Hoffmann, G. Witterstein, *Mathematische Modellierung*, Mathematik Kompakt,
DOI 10.1007/978-3-0346-0650-9_5, © Springer Basel 2014

Hierbei ist u die spezifische innere Energie und q ein beliebiger Energiefluss, zum Beispiel der Wärmefluss. Die Funktion g ist eine beliebige Energiequelle. Nach dem Reynoldsschen Transporttheorem und dem Gaußschen Satz gilt

$$\partial_t\Big(\rho u + \frac{\rho}{2}v^2\Big) + \operatorname{div}\Big(\Big(\rho u + \frac{\rho}{2}v^2\Big)v - \sigma^T v + q\Big) = \rho f \cdot v + \rho g.$$

Mit der Massen- und Impulserhaltung folgt

$$\partial_t(\rho u) + \operatorname{div}(\rho v u) - \sigma : Dv + \operatorname{div} q = \rho g.$$

► **Bemerkung 5.1** Die innere Energie eines abgeschlossenen Systems lautet

$$U := \int_{V(t)} \rho u dx.$$

Die vom System geleistete Arbeit ist

$$\dot{W} := -\int_{V(t)} \sigma : Dv dx.$$

Die Wärmeleistung lautet

$$\dot{Q} := -\int_{\partial V(t)} q \cdot \vec{n} ds_x + \int_{V(t)} \rho g dx.$$

Wir vernachlässigen die viskosen Kräfte und nehmen an, dass der Druck p konstant ist. Für das Volumen $V(t)$ gilt

$$\begin{aligned}\dot{W} &= -\int_{V(t)} \sigma : Dv dx = \int_{V(t)} p \operatorname{div} v dx \\ &= p\int_{V(t)} \operatorname{div} v dx = p\frac{d}{dt}|V(t)|.\end{aligned}$$

Im letzten Schritt haben wir Folgerung 3.10 angewandt. Die geleistete Arbeit (Volumenarbeit) W ergibt sich aus $W = pV$. Aus dem 1. Hauptsatz folgt

$$\dot{U} = \dot{Q} - \dot{W}.$$

Diese Darstellung entspricht der in der historischen Formulierung des 1. Hauptsatzes angegebenen Form.

2. Hauptsatz der Thermodynamik[3]

$$\begin{matrix}\text{Änderung der} \\ \text{Gesamtentropie}\end{matrix} - \begin{matrix}\text{Entropiefluss} \\ \text{über den Rand}\end{matrix} = \begin{matrix}\text{Entropieproduktion} \\ \text{im Inneren}\end{matrix} \geq 0.$$

Also, es existiert ein beobachterunabhängiger Skalar s, welcher spezifische Entropie genannt wird, für den gilt

$$\frac{d}{dt}\int_{V(t)} \rho s dx + \int_{\partial V(t)} \psi \cdot \vec{n} ds_x = \int_{V(t)} \rho h dx \geq 0.$$

Die Funktion ψ ist der Entropiefluss und h eine Entropiequelle. Nach dem Reynoldsschen Transporttheorem und dem Gaußschen Satz gilt

$$\partial_t(\rho s) + \operatorname{div}(\rho s v + \psi) = \rho h \geq 0.$$

Die Gültigkeit des 2. Hauptsatzes schließt die Existenz eines Perpetuum mobile 2. Art aus. Für ein abgeschlossenes System ($\psi \equiv 0$) gilt, dass die Entropie im Laufe der Zeit wächst.

In den Hauptsätzen allein sind θ, u und s als beliebig gegeben. Für diese Größen gilt aber noch eine weitere Beziehung untereinander. Im Standardfall setzen wir daher

$$\psi = \frac{q}{\theta},$$

wobei q der Energiefluss aus der Energieerhaltung ist. Durch diese Beziehung wird die absolute Temperatur θ festgelegt.

Damit ist die Entropieungleichung äquivalent zur *Clausius-Duhem-Ungleichung*

$$\partial_t(\rho s) + \operatorname{div}\left(\rho s v + \frac{q}{\theta}\right) = \rho h \geq 0.$$

Satz 5.2 (Dissipationsungleichung) *Aus den Erhaltungsgleichungen und der Clausius-Duhem-Ungleichung folgt die Dissipationsungleichung*

$$\rho\left(D_t u - \theta D_t s\right) - \sigma : Dv + \frac{1}{\theta} q \cdot \nabla\theta - \rho g = -\theta \rho h \leq 0.$$

[3] Historische Formulierung des 2. Hauptsatzes [8]: „*There exists for every thermodynamic system in equilibrium an extensive scalar property called the entropy, S, such that in an infinitesimal reversible change of state of the system, $dS = dQ/T$, where T is the absolute temperature and dQ is the amount of heat received by the system. The entropy of a thermally insulated system cannot decrease and is constant if and only if all processes are reversible.*"

Zur Erinnerung Das Skalarprodukt $A : B$ zweier Matrizen A und B ist definiert durch

$$A : B = \sum_{i,k=1}^{3} a_{ik} b_{ik}.$$

Die materielle Ableitung nach Definition 3.7 lautet

$$D_t \varphi := \partial_t \varphi + \nabla \varphi \cdot v.$$

Weiter ist

$$Dv := \begin{pmatrix} \partial_{x_1} v_1 & \partial_{x_2} v_1 & \partial_{x_3} v_1 \\ \partial_{x_1} v_2 & \partial_{x_2} v_2 & \partial_{x_3} v_2 \\ \partial_{x_1} v_3 & \partial_{x_2} v_3 & \partial_{x_3} v_3 \end{pmatrix}.$$

Beweis Die Kontinuitätsgleichung (Massenerhaltung) besagt

$$\partial_t \rho = -\operatorname{div}(\rho v).$$

Und die Clausius-Duhem-Ungleichung nach Umformung ist

$$s\partial_t \rho + \rho \partial_t s + s \operatorname{div}(\rho v) + \rho v \cdot \nabla s + \frac{1}{\theta} \operatorname{div} q - \frac{1}{\theta^2} \nabla \theta \cdot q = \rho h \geq 0.$$

Dann folgt zusammen

$$\rho(\partial_t s + v \cdot \nabla s) + \frac{1}{\theta} \operatorname{div} q - \frac{1}{\theta^2} \nabla \theta \cdot q = \rho h \geq 0. \tag{5.1}$$

Für die Energieerhaltung hatten wir mit der Kontinuitätsgleichung die Beziehung

$$\underbrace{\rho \partial_t u + \rho v \cdot \nabla u}_{=\rho D_t u} - \sigma : Dv + \operatorname{div} q = \rho g$$

oder

$$\rho D_t u - \sigma : Dv + \operatorname{div} q = \rho g.$$

Multiplikation von (5.1) mit $(-\theta)$ und Addition zur Energieerhaltungsgleichung ergibt:

$$\rho \left(D_t u - \theta D_t s \right) - \sigma : Dv + \frac{1}{\theta} q \cdot \nabla \theta - \rho g = -\theta \rho h \leq 0.$$ □

Die Forderung der Thermodynamik besagt im Standardfall, dass alle Lösungen der Erhaltungssätze auch der Clausius-Duhem-Ungleichung genügen müssen. Das hat Konsequenzen für die konstitutiven Beziehungen, wie wir sehen werden.

Wir betrachten hierzu nun einen Spezialfall.

Lemma 5.3 *Es mögen die Erhaltungsgleichungen mit*

$$u = \hat{u}(\theta, \rho) := \theta,$$
$$p = \hat{p}(\theta, \rho) := \theta\rho^2 \frac{d\hat{s}_0}{d\rho}(\rho)$$

gelten. Ist dann die spezifische Entropiedichte $s = \hat{s}(\theta, \rho) := \log\theta + \hat{s}_0(\rho)$ *gegeben, so gilt für den Produktionsterm der Clausius-Duhem-Ungleichung*

$$-\big(\mu\varepsilon(v) + \lambda \operatorname{div} v \operatorname{id}\big) : Dv + \frac{1}{\theta} q \cdot \nabla\theta - \rho g = -\theta\rho h \leq 0. \tag{5.2}$$

Es gelten die folgenden konstitutiven Beziehungen. Falls wir

$$q = -\kappa\nabla\theta,\ \kappa \geq 0, \quad \big(\mu\varepsilon(v) + \lambda \operatorname{div} v \operatorname{id}\big) : Dv \geq 0, \quad \rho g \geq 0$$

wählen, so ist Ungleichung (5.2) erfüllt. Es ist im Dreidimensionalen $(\mu\varepsilon(v) + \lambda \operatorname{div} v \operatorname{id}) : Dv \geq 0$ erfüllt, falls für $\mu \geq 0, \lambda + \frac{1}{3}\mu \geq 0$ gilt. Hierbei ist der Term κ die Wärmeleitfähigkeit, die Terme μ und λ sind die Lamé-Koeffizienten.

Beweis Es folgt mit der Massenerhaltung

$$\begin{aligned}\rho\,(D_t u - \theta D_t s) &= \rho\Big(D_t\theta - \theta\frac{1}{\theta}D_t\theta + \theta\frac{d\hat{s}_0}{d\rho}(\rho)D_t\rho\Big)\\ &= \rho\theta\frac{d\hat{s}_0}{d\rho}(\rho)D_t\rho = -\theta\rho^2\frac{d\hat{s}_0}{d\rho}(\rho)\operatorname{div} v.\end{aligned}$$

Eingesetzt in die Dissipationsungleichung 5.2 erhalten wir

$$\Big(-\theta\rho^2\frac{d\hat{s}_0}{d\rho}(\rho) + p\Big)\operatorname{div} v - \big(\mu\varepsilon(v) + \lambda \operatorname{div} v \operatorname{id}\big) : Dv + \frac{1}{\theta} q \cdot \nabla\theta - \rho g = -\theta\rho h \leq 0. \qquad \square$$

Im Fall eines idealen Gases gilt

$$\hat{s}_0 := \log\rho \quad \Longrightarrow \quad p = \theta\rho.$$

▶ **Bemerkung 5.4** Die Entropie eines abgeschlossenen Systems lautet

$$S := \int_{V(t)} \rho s dx.$$

Es ist $g \equiv 0$. Wir nehmen an, die absolute Temperatur sei gegeben durch $\theta(t,x) = T$, wobei T konstant ist. Ist $h \equiv 0$, so folgt aus der Clausius-Duhem-Ungleichung

$$\dot{Q} = T\dot{S},$$

d. h., Entropie = zugeführte Wärmemenge pro Temperatur. Diese Darstellung entspricht der in der historischen Formulierung des 2. Hauptsatzes angegebenen Form. Mit dem 1. Hauptsatz folgt

$$\dot{S} = \frac{\dot{U} + \dot{W}}{T}. \tag{5.3}$$

Der 2. Hauptsatz besagt nun

$$\rho h \geq 0.$$

Wir wollen im Folgenden eine molekulare Deutung der absoluten Temperatur geben.

▶ **Bemerkung 5.5 (Molekulare Deutung der Temperatur)** Wir betrachten ein einatomiges ideales Gas. Die Wärme eines Gases entspricht der ungeordneten Bewegung von Atomen und der ihnen zugeordneten kinetischen Energie, welche als Wärmeenergie bezeichnet wird. Die Temperatur ist ein lineares Maß für den Mittelwert dieser Energie.

Sei m die Masse eines Atoms und $\overline{v}$ seine mittlere Geschwindigkeit. Die Grundgleichung der kinetischen Gastheorie besagt für den Druck p (Kraft pro Volumen):

$$p\,V = \frac{2}{3} N \overline{E}_{\text{kin}} = \frac{2}{3} N \left(\frac{m}{2} \overline{v}^2 \right).$$

Hierbei ist V das Volumen, N die Anzahl der Teilchen und $\overline{E}_{\text{kin}}$ die mittlere kinetische Energie eines Teilchens. Die *Zustandsgleichung* eines „idealen Gases" lautet

$$p\,V = N\,k_B\,T,$$

wobei T die absolute Temperatur bezeichnet, d. h. $\theta = T$, und $k_B = 1{,}38 \cdot 10^{-23}$ J/K die Boltzmann-Konstante ist. Dann ist

$$T = \frac{m}{3k_B} \overline{v}^2.$$

Wir möchten eine anschauliche Interpretation der Entropie geben.

▶ **Bemerkung 5.6 (Molekulare Deutung der Entropie)** Die Entropie wird als eine Größe betrachtet, die das Ausmaß der Unordnung des Systems beschreibt. Der Makrozustand eines Systems kann durch verschiedene Mikrozustände realisiert werden. Die Entropie ist ein Maß für die Anzahl der Mikrozustände, die einen gegebenen Makrozustand realisieren.

Es gilt: Die Entropie s eines Makrozustandes ist proportional dem natürlichen Logarithmus der Zahl W, welche die Anzahl der möglichen Mikrozustände ist.

$$s = k_B \ln W \quad \text{Boltzmann-Formel},$$

wobei k_B = Boltzmann-Konstante, W = Anzahl der möglichen Mikrozustände, welche mit einem Makrozustand verknüpft sind.

Zustände mit hoher Entropie, das bedeutet eine hohe Anzahl möglicher Mikrozustände, sind wahrscheinlicher. Hierbei ist vorausgesetzt, dass alle Zustände gleichwahrscheinlich sind.

Als weiterführende Literatur zur Thermodynamik sei [14] empfohlen.

5.2 Wärmeleitung

Es sei $\Omega \subset \mathbb{R}^3$ ein offenes Gebiet und $t > 0$ die Zeit. Wir betrachten ein ruhendes Medium, das heißt $v \equiv 0$. Aus der Massen- und Impulserhaltung folgt

$$\partial_t \rho = 0 \quad \text{und} \quad \nabla p = 0,$$

unter der Voraussetzung, dass keine externe Kraft, $f = 0$, auf das Medium einwirke.

Die spezifische innere Energiedichte u und die absolute Temperatur θ seien Funktionen $u, \theta : \mathbb{R}_+ \times \Omega \to \mathbb{R}$, $\theta > 0$. Die Wärmequelle bzw. -senke werde ebenfalls durch eine Dichtefunktion $g : \mathbb{R}_+ \times \Omega \to \mathbb{R}$ beschrieben. Der Energiefluss $q(t,x) \in \mathbb{R}^3$ über den Rand sei ein Wärmefluss. Es folgt im Gebiet $\mathbb{R}_+ \times \Omega$

$$\rho \partial_t u + \operatorname{div} q = \rho g. \tag{5.4}$$

Das ist eine Transportgleichung für die beiden Variablen u und q. Die Funktion g ist bekannt.

Wie wir früher schon gesehen haben, muss (5.4) durch konstitutive Gleichungen ergänzt werden. In vielen Fällen, insbesondere im Fall von idealen Gasen, ist die innere Energie linear proportional der Temperatur θ, das heißt

$$u(t,x) = c_P \, \theta(t,x),$$

wobei c_P die spezifische Wärmekapazität des Materials ist. Sie kann neben Ort und Zeit von der Temperatur θ oder sogar von $\nabla \theta$ abhängen.

Der Wärmefluss q hängt über das Fouriersche Gesetz (Ficksches Gesetz) von der Temperatur ab:

$$q(t,x) = -\kappa\nabla\theta(t,x).$$

Dabei ist der Wärmeleitkoeffizient κ positiv und kann von t, x, θ und $\nabla\theta$ abhängen. Im anisotropen Fall ist κ sogar eine Matrix K, und das Fouriersche Gesetz (Ficksches Gesetz) schreibt sich

$$q(t,x) = -K\nabla\theta(t,x).$$

Wir betrachten jetzt den Spezialfall, dass ρ, c_P und λ konstant sind, und erhalten aus (5.4) die Wärmeleitungsgleichung

$$\partial_t\theta - D\Delta\theta = \tilde{g} \quad \text{in } \mathbb{R}_+ \times \Omega, \tag{5.5}$$

mit $D := \frac{\kappa}{\rho c_P}$ und $\tilde{g} = \frac{1}{c_P}g$. Die positive Konstante D heißt Temperaturleitzahl. Nach den vorangehenden Überlegungen in Bemerkung 5.5 kann die Wärmeleitung als Energietransport durch Teilchen verstanden werden.

Gleichung (5.5) ist eine *parabolische partielle Differentialgleichung* zweiter Ordnung. Wir wollen sie im Folgenden mathematisch behandeln. Gesucht ist also eine Lösung $u : \mathbb{R}_+ \times \Omega \to \mathbb{R}$ für

$$\partial_t u - D\Delta u = g \quad \text{in } \mathbb{R}_+ \times \Omega. \tag{5.6}$$

Hierbei ist die positive Konstante D und die Funktion g gegeben. Zur Lösung von (5.6) benötigt man zusätzlich

Anfangsbedingungen

$$u(0,x) = u_0(x), \qquad x \in \Omega$$

mit einer gegebenen Anfangstemperatur u_0 und folgende

Randbedingungen Wir betrachten den Wärmefluss über den Rand $\partial\Omega$. Außerhalb Ω herrsche die Temperatur u^*. Der Wärmefluss über den Rand versucht, die Temperaturunterschiede innerhalb und außerhalb Ω auszugleichen

$$\Longrightarrow \qquad q \cdot \vec{n} = \alpha(u - u^*)$$

mit einem „Wärmeübergangskoeffizienten“ $\alpha = \alpha(x,u,u^*) \geqslant 0$. Mithilfe des Fouriergesetzes erhalten wir die

Robin-Randbedingung (gemischte Randbedingung oder Randbedingung 3. Art)

$$\kappa \partial_{\vec{n}} u = -\alpha(u - u^*).$$

Setze $\beta := \alpha/\kappa$ und betrachte die Grenzwerte $\beta \to 0$ und $\beta \to \infty$.

(i) $\beta \to 0$: *Homogene Neumann-Randbedingung*

$$\partial_{\vec{n}} u = 0.$$

Es findet kein Wärmefluss über den Rand statt. Der Rand ist isolierend.

(ii) $\beta \to \infty$: *Inhomogene Dirichlet-Randbedingung*

$$u = u^*.$$

Die Temperatur auf $\partial\Omega$ passt sich der Außentemperatur an. Starker Wärmeaustausch!

Anmerkung Wegen

$$\int_\Omega \rho \partial_t u \, dx = -\int_\Omega \operatorname{div} q \, dx = -\int_{\partial\Omega} q \cdot \vec{n} \, ds_x = 0$$

hat man im Fall $g = 0$ ein geschlossenes System.

Ein anderer Typ von Wärmeleitung liegt vor bei Wärmestrahlung.

Das *Stefan-Boltzmann-Gesetz*

$$\lambda \partial_{\vec{n}} u = -\Sigma \varepsilon (u^4 - u^{*4}),$$

mit der Konstanten $\Sigma = 5{,}67 \cdot 10^{-8}\,\mathrm{J/s\,m^2\,K^4}$ und $\varepsilon \in [0,1]$ stellt die Wärmeübertragung durch elektromagnetische Strahlung dar.

Durch geeignete Orts-, Zeit- und Temperaturskalierung (die Durchführung bleibe dem Leser überlassen) können wir die homogene Gleichung (5.6) entdimensionalisieren und erhalten bei Robin-Randbedingungen das Anfangs-Randwertproblem

$$\partial_t u = \Delta u \qquad \text{in } \mathbb{R}_+ \times \Omega, \tag{5.7}$$

$$\partial_{\vec{n}} u = -\beta(u - u^*) \qquad \text{auf } \mathbb{R}_+ \times \partial\Omega, \tag{5.8}$$

$$u = u_0 \qquad \text{in } \{0\} \times \Omega \tag{5.9}$$

mit nur einem dimensionslosen Parameter (Wärmeübergangskoeffizient) $\beta > 0$.

Für dieses System leiten wir noch weitere Eigenschaften her: Multiplikation von (5.8) mit u und Integration über Ω ergibt

$$\int_\Omega \partial_t u \, u \, dx = \int_\Omega \Delta u \, u \, dx \overset{\text{Gauß}}{=} -\int_\Omega |\nabla u|^2 \, dx + \int_{\partial\Omega} \partial_{\vec{n}} u \, u \, ds_x.$$

Wir setzen die Randbedingung ein und erhalten nach Umformung

$$\frac{1}{2}\frac{d}{dt}\int_\Omega |u|^2 dx = -\int_\Omega |\nabla u|^2 dx - \beta\int_{\partial\Omega}(u-u^*)u\, ds_x$$

und weiter nach Integration nach t über $[\sigma, s]$

$$\int_\Omega |u(s,x)|^2 dx + 2\int_\sigma^s \left(\int_\Omega |\nabla u(t,x)|^2\, dx + \beta\int_{\partial\Omega}|u(t,x)|^2 ds_x\right) dt$$
$$= \int_\Omega |u(\sigma,x)|^2 dx + 2\int_\sigma^s \beta\int_{\partial\Omega} u^*(t,x)\, u(t,x) ds_x\, dt.$$

Im Weiteren betrachten wir der Einfachheit halber den Fall $u^* = 0$. Mit

$$\begin{aligned} V(s) &:= \int_\Omega |u(s,x)|^2\, dx \\ &= \int_\Omega |u(\sigma,x)|^2\, dx - 2\int_\sigma^s \left(\int_\Omega |\nabla u(t,x)|^2\, dx + \beta\int_{\partial\Omega}|u(t,x)|^2 ds_x\right) dt \\ &\leq \int_\Omega |u(\sigma,x)|^2\, dx = V(\sigma) \quad \forall\, \sigma \leq s \end{aligned}$$

erkennt man, dass V (strikt) monoton fallend ist. Gemeinsam mit der Poincaré-Ungleichung

$$C\int_\Omega |u|^2 dx \leq 2\int_\Omega |\nabla u|^2 dx \leq 2\left(\int_\Omega |\nabla u|^2 dx + \beta\int_{\partial\Omega}|u|^2 ds_x\right)$$

für eine Konstante $C > 0$ erhält man sogar

$$\frac{dV}{dt} = -2\left(\int_\Omega |\nabla u|^2\, dx + \beta\int_{\partial\Omega}|u|^2 ds_x\right) \leq -C\, V(t).$$

Dann

$$V(t) \leq e^{-Ct}\, V(0).$$

Man hat also ein exponentielles Abfallen der Temperatur in der L_2-Norm. Die Temperatur konvergiert in der L_2-Norm für $t \to \infty$ gegen Null, unabhängig von der Anfangstemperatur. Die Funktion $\hat{u}(x)$ ist entsprechend die Lösung des stationären Problems

$$\partial_t \hat{u} = 0, \quad \Delta\hat{u} = 0 \quad \text{in } \Omega$$

mit Randbedingungen. Die Konvergenz für $t \to \infty$ ist sehr schnell, und der Prozess ist irreversibel.

Wir zeigen noch, dass die Wärmeleitungsgleichung dem 2. Hauptsatz der Thermodynamik genügt. Der Einfachheit halber betrachten wir den Fall $\beta = 0$, also homogene

Neumann-Bedingungen am Rand $\partial\Omega$. Das bedeutet, es findet kein Wärmefluss über den Rand statt. Es sei die Gesamtentropie S des Mediums definiert durch

$$S(t,\Omega) := \int_\Omega \rho s(t,x)dx.$$

Der 2. Hauptsatz besagt, die Entropie S ist monoton wachsend.

In dem hier betrachteten Fall von idealen Gasen ist nach Lemma 5.3 die spezifische Entropiedichte gegeben durch $s(t,x) = \log u + \text{const}$. Die absolute Temperatur verhält sich dabei linear zur mathematischen Temperatur u, welche Lösung des Systems (5.7)–(5.9) ist. Es gilt

$$\begin{aligned}\frac{d}{dt}S(t) &= \int_\Omega \partial_t(\rho s(t,x))dx = \rho\int_\Omega \partial_t(\log u(t,x))dx\\ &= \rho\int_\Omega \frac{\partial_t u}{u}dx = \rho\int_\Omega \frac{\Delta u}{u}dx\\ &= \rho\int_{\partial\Omega}\frac{1}{u}\partial_{\vec{n}}u\,ds_x + \rho\int_\Omega \frac{1}{u^2}|\nabla u|^2 dx\\ &= \rho\int_\Omega \frac{1}{u^2}|\nabla u|^2 dx \geq 0.\end{aligned}$$

Damit hätte man das Gesuchte. Falls nun ein Wärmefluss über den Rand stattfindet, das heißt $\beta \neq 0$, dann muss die Entropie nicht wachsen. Sie könnte sich auch verringern.

5.3 Phasenübergänge

In diesem Abschnitt wollen wir einen Prozess aus der Thermodynamik modellieren, bei dem mit der Wärmeleitung eine Veränderung des Mediums einhergeht. Solche *Phasenübergänge* treten zum Beispiel beim Schmelzen von Eis oder beim Gefrieren von Flüssigkeiten auf. Das klassische Problem hierfür ist das *Stefan-Problem*, mit dem wir uns jetzt befassen wollen.

Wir nehmen an, dass die Schmelztemperatur von Eis, also der Phasenübergang, bei konstant

$$T = 0$$

Grad liegt[4]. Das Gebiet Ω bestehe aus den Teilgebieten $\Omega_1(t)$ und $\Omega_2(t)$ sowie der Phasengrenze $\Sigma(t)$:

$$\Omega = \Omega_1(t) \cup \Sigma(t) \cup \Omega_2(t).$$

[4] Die Temperatur T ist hierbei eine Verschiebung zur absoluten Temperatur θ, d. h. $T = \theta - \theta_0$ mit einem festen θ_0.

Dabei ist $\Omega_1(t)$ das Eisgebiet und $\Omega_2(t)$ das Flüssigkeitsgebiet. Auf $\Sigma(t)$ weise der Normalenvektor $\vec{n}(t)$ vom festen Gebiet in Richtung des flüssigen Gebietes.

Beim Schmelzen wird Energie benötigt, beim Frieren wird Energie frei, die sogenannte latente Wärme L. Entsprechend unterscheiden sich die inneren Energien

$$u(x,t) = \begin{cases} c_P T - L & \text{in } \Omega_1(t), \\ c_P T & \text{in } \Omega_2(t). \end{cases}$$

Obwohl wir keine idealen Gase als Medium betrachten, ist aufgrund einer Linearisierung auch hier die spezifische innere Energie proportional zur Temperatur T.

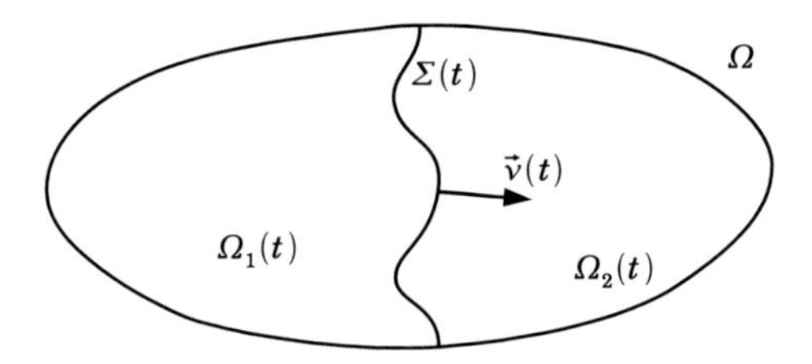

Es sei χ die Indikatorfunktion von $\Omega_1(t)$, d. h.

$$\chi(x,t) := \begin{cases} 1 & \text{für } x \in \Omega_1(t), \\ 0 & \text{für } x \text{ sonst.} \end{cases}$$

Dann lässt sich unser Modell der Wärmeleitung mathematisch folgendermaßen schreiben: Gesucht ist eine Lösung $u : \mathbb{R}_+ \times \Omega \to \mathbb{R}$ mit

$$\begin{aligned} \partial_t u &= D\Delta u + \frac{L}{\rho c_P}\partial_t \chi && \text{in } \Omega, \\ u &= 0 && \text{auf } \Sigma(t) \end{aligned}$$

sowie Anfangsbedingungen für $t = 0$ und Randbedingungen auf $\partial\Omega$.

Wir betrachten zum besseren Verständnis den räumlich eindimensionalen Fall.

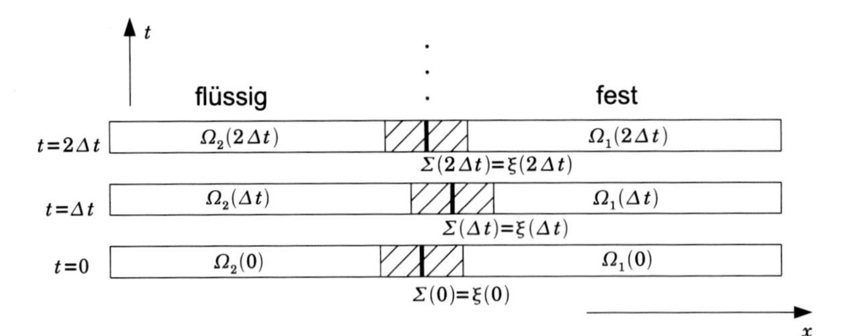

Sei $\Sigma(t) = \{\xi(t)\}$ und betrachte eine Mittelung über ein kleines Intervall

$$
\begin{aligned}
&I(t) = (\xi(t) - \varepsilon, \xi(t) + \varepsilon) \\
\Longrightarrow \quad &\int_{I(t)} \left(\partial_t u - \frac{L}{\rho c_P} \partial_t \chi \right) dx = D \int_{\xi(t)-\varepsilon}^{\xi(t)+\varepsilon} u''(x)\, dx \\
&\qquad = D\left(\partial_x u\left(\xi(t) + \varepsilon, t\right) - \partial_x u\left(\xi(t) - \varepsilon, t\right)\right).
\end{aligned}
$$

Gemäß dem Reynoldsschen Transporttheorem

$$
\frac{d}{dt} \int_{I(t)} g(x,t)\, dx = \left(g(\xi(t) + \varepsilon, t) - g(\xi(t) - \varepsilon, t)\right) \frac{d\xi}{dt} + \int_{I(t)} \partial_t g(x,t)\, dx
$$

erhalten wir für $g = u - \frac{L}{\rho c_P} \chi$ die Identität

$$
\begin{aligned}
\int_{I(t)} \left(\partial_t u - \frac{L}{\rho c_P} \partial_t \chi \right) dx = \frac{d}{dt} \int_{I(t)} \left(u - \frac{L}{\rho c_P} \chi \right) dx + \left(u(\xi(t) - \varepsilon, t) - u(\xi(t) + \varepsilon, t)\right) \frac{d\xi}{dt} \\
+ \frac{L}{\rho c_P} \left(\chi(\xi(t) + \varepsilon, t) - \chi(\xi(t) - \varepsilon, t)\right) \frac{d\xi}{dt}.
\end{aligned}
$$

Im $\lim_{\varepsilon \to 0}$ folgt daraus wegen $u(\xi(t), t) = 0$ und

$$
\frac{L}{\rho c_P} \left(\chi(\xi(t) + \varepsilon, t) - \chi(\xi(t) - \varepsilon, t)\right) = \frac{L}{\rho c_P} (1 - 0) = \frac{L}{\rho c_P}
$$

schließlich

$$
D\Big(\lim_{\varepsilon \to 0} \partial_x u(\xi(t) + \varepsilon, t) - \lim_{\varepsilon \to 0} \partial_x u(\xi(t) - \varepsilon, t) \Big) = \frac{L}{\rho c_P} \frac{d\xi}{dt}
$$

oder

$$
\frac{d\xi(t)}{dt} = \frac{D \rho c_P}{L} \left[\partial_x u\right]_{(\xi(t), t)} \qquad \text{Stefan-Bedingung!}
$$

Die Schmelzgeschwindigkeit $V(t) := d\xi(t)/dt$ ist proportional der Differenz des Temperaturflusses über die Grenze $\xi(t)$.

In mehr als einer Raumdimension erhält man mit ähnlicher Technik

$$
V_{\vec{n}}(x,t) = \frac{D \rho c_P}{L} \left[\partial_{\vec{n}} u\right]_{(x(t), t)}, \qquad x \in \Sigma(t),
$$

wobei $V_{\vec{n}}(x,t)$ die Geschwindigkeit in Richtung der Normalen der Fläche $\Sigma(t)$ an der Stelle x zur Zeit t ist.

Das „*Stefan-Problem*" lässt sich dann auch in der Form

$$\begin{aligned} \partial_t u &= D\Delta u && \text{in } \Omega \setminus \Sigma(t), \\ V_{\vec{n}} &= \frac{D\rho c_P}{L}\,[\partial_{\vec{n}} u] && \text{auf } \Sigma(t), \\ u &= 0 && \text{auf } \Sigma(t) \end{aligned}$$

+ Randbedingungen auf $\partial\Omega$ und Anfangsbedingungen für $\{t = 0\}$ schreiben.

5.4 Aufgaben

1. Vergleichen Sie die Wärmeleitung durch ein einfach verglastes Fenster mit derjenigen durch ein doppelt verglastes Fenster. Die Wärmeleitkoeffizienten von Luft und Glas sind $\kappa_{\text{Luft}} = 0{,}024\,\text{W}/(\text{m K})$ und $\kappa_{\text{Glas}} = 1{,}16\,\text{W}/(\text{m K})$. Die Randbedingungen sind durch die Innentemperatur $T_i = 22\,°\text{C}$ und die Außentemperatur $T_a = -8\,°\text{C}$ sowie durch die Wärmeübergangskoeffizienten $\alpha_i = 7\,\text{W}/(\text{m}^2\,\text{K})$ und $\alpha_a = 15\,\text{W}/(\text{m}^2\,\text{K})$ bestimmt. Vergleichen Sie den Temperaturverlauf und den Wärmefluss für beide Fenstertypen. Wie groß ist jeweils der Wärmeverlust?
2. **Zusammenhang: Wellengleichung – Wärmeleitungsgleichung** Beweisen Sie folgende Behauptung:
   Es sei u die Lösung der Wellengleichung

$$\partial_{tt} u - \Delta u = 0 \quad \text{für } x \in \mathbb{R}^n \tag{5.10}$$

$$u(0,x) = f(x) \tag{5.11}$$

$$u_t(0,x) = 0, \tag{5.12}$$

   wobei f eine Funktion mit kompaktem Träger ist. Dann liefert

$$v(t,x) := \int_{-\infty}^{+\infty} \frac{e^{-\frac{s^2}{4t}}}{\sqrt{t}} u(s,x)\,ds$$

   eine Lösung der Wärmeleitungsgleichung $v_t(t,x) - \Delta v(t,x) = 0$ für $x \in \mathbb{R}^n$, $t > 0$.

Fallbeispiele

6

6.1 Ist unser Sonnensystem stabil gegenüber Störungen?

Das Sonnensystem besteht aus n Körpern der Masse $m_1, \dots, m_n$, die sich entlang der Bahnen $r_1(t), \dots, r_n(t) \in \mathbb{R}^3$ bewegen. Die Bewegung erfolgt nach dem Newtonschen Gesetz

$$m_i r_i'' = F_i \quad (i = 1, \dots, n),$$

wobei F_i die Kraft darstellt, die von allen anderen Körpern auf den i-ten Körper ausgeübt wird.

Wir betrachten zunächst das „Zweikörperproblem" mit den Gravitationskräften

$$F_1 := -\frac{G\,m_1 \cdot m_2}{|r_1 - r_2|^3}(r_1 - r_2), \quad F_2 := -\frac{G\,m_2 \cdot m_1}{|r_2 - r_1|^3}(r_2 - r_1)$$

und der Gravitationskonstanten $G = 6{,}7 \cdot 10^{-11}\,\mathrm{m}^3/(\mathrm{s}^2\,\mathrm{kg})$.

Es sei m_1 die Masse der Sonne und m_2 die der Erde. Dann folgt für die Bewegungsgleichungen

$$m_1 r_1'' = -\frac{G\,m_1 m_2}{|r_1 - r_2|^3}(r_1 - r_2), \quad m_2 r_2'' = -\frac{G\,m_1 m_2}{|r_1 - r_2|^3}(r_2 - r_1). \tag{6.1}$$

Es gilt $m_1 \gg m_2$, nämlich

$$m_1 = 2 \cdot 10^{30}\,\mathrm{kg} \quad \text{und} \quad m_2 = 6 \cdot 10^{24}\,\mathrm{kg}.$$

Können wir das System durch Reduktion vereinfachen?

K.-H. Hoffmann, G. Witterstein, *Mathematische Modellierung*, Mathematik Kompakt,
DOI 10.1007/978-3-0346-0650-9_6, © Springer Basel 2014

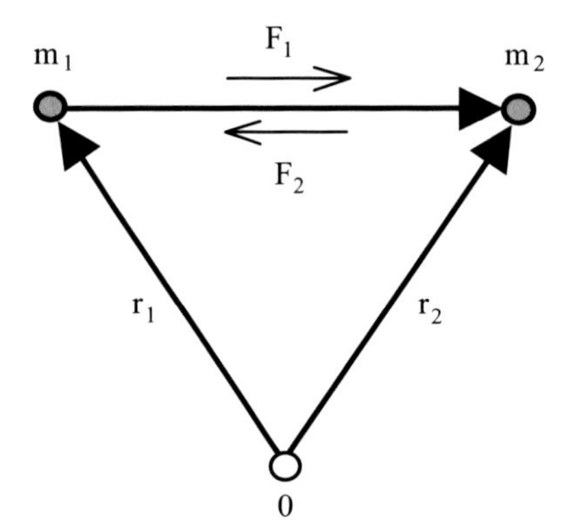

Das System (6.1) enthält die Parameter G, m_1, m_2 mit den Einheiten cm, g, s. Das ergibt die Koeffizientenmatrix

$$\begin{array}{c} \\ \text{cm} \\ \text{g} \\ \text{s} \end{array} \begin{array}{c} \begin{array}{ccc} G & m_1 & m_2 \end{array} \\ \begin{pmatrix} 3 & 0 & 0 \\ -1 & 1 & 1 \\ -2 & 0 & 0 \end{pmatrix} \end{array}.$$

Der Kern der Matrix wird durch den Vektor

$$(0, -1, 1)$$

aufgespannt. Es gibt also nur einen dimensionslosen Parameter

$$\varepsilon := \frac{m_2}{m_1} \approx 10^{-6}.$$

Für die Referenzgrößen wählen wir

$$L := \text{Entfernung Erde} \leftrightarrow \text{Sonne} = 1{,}5 \cdot 10^{11}\,\text{m}$$

$$T := \sqrt{\frac{L^3}{Gm_1}} = 5 \cdot 10^6\,\text{s} \sim \text{Zeit, die die Erde braucht, um die Strecke } L \text{ zu durchlaufen.}$$

Skalierung:

$$r_i \longmapsto Lr_i^* \quad (i = 1, 2) \quad \text{und}$$
$$t \longmapsto Tt^*.$$

Damit erhält man die Gleichungen (der Stern wird wieder weggelassen):

$$r_1'' = -\varepsilon \frac{r_1 - r_2}{|r_1 - r_2|^3} \quad r_2'' = -\frac{r_2 - r_1}{|r_2 - r_1|^3}. \tag{6.2}$$

Als Anfangsbedingungen wählen wir $r_0 = L$ für $r_2(0)$ und $v_0 = 2\pi L/\text{Jahr}$ für $r_2'(0)$. Die skalierten Anfangswerte sind dann:

$$r_1(0) = r_1'(0) = \begin{pmatrix} 0 \\ 0 \\ 0 \end{pmatrix}, \quad r_2(0) = \begin{pmatrix} 1 \\ 0 \\ 0 \end{pmatrix}, \quad r_2'(0) = \begin{pmatrix} 0 \\ 1 \\ 0 \end{pmatrix}.$$

Wir entkoppeln das Problem (6.1) durch Einführung neuer Variablen:

$$\begin{aligned} R &:= r_1 + \varepsilon r_2 \quad &&\text{(gemeinsamer Schwerpunkt)} \\ r &:= r_1 - r_2 \quad &&\text{(Abstandsvektor).} \end{aligned}$$

Dann folgt:

$$R'' = 0, \quad r'' = -(1+\varepsilon)\frac{r}{|r|^3}. \tag{6.3}$$

Die Wahl $\varepsilon = 0$ würde das Problem nicht vereinfachen. Wir führen daher $\varepsilon \neq 0$ weiter mit und diskutieren den Einfluss von ε später.

$R'' = 0$ bedeutet, dass sich der gemeinsame Schwerpunkt gleichförmig (mit konstanter Geschwindigkeit) im Raum bewegt. Zur Behandlung der zweiten Gleichung betrachten wir die etwas allgemeineren Anfangsbedingungen:

$$r(0) = R_0, \quad r'(0) = V_0.$$

Zwischenbemerkung Für die zeitliche Änderung des Drehimpulses gilt:

$$\begin{aligned} &\frac{d}{dt}(r \times r') = r' \times r' + r \times r'' \overset{(6.3)}{=} r' \times r' + \frac{(1+\varepsilon)}{|r|^3} r \times r = 0 \\ &\Longrightarrow \quad r(t) \times r'(t) = \text{konstant} =: L \quad \text{für alle Zeiten } t \geq 0, \end{aligned}$$

also insbesondere $R_0 \times V_0 = L$. Folglich findet die Bewegung vollständig in einer Ebene statt, und wir nehmen an, dass das die (x, y)-Ebene ist. Wir setzen $L = (0, 0, \gamma)^T$, $\gamma \in \mathbb{R}$, und $r(t)$ verläuft in der (x, y)-Ebene.

Transformation der zweiten Gleichung von (6.3)

$$r'' = -(1+\varepsilon)\frac{r}{|r|^3}$$

auf Polarkoordinaten

$$r(t) = \begin{pmatrix} \rho(t)\cos\phi(t) \\ \rho(t)\sin\phi(t) \\ 0 \end{pmatrix}$$

führt nach ein paar Rechnungen auf

$$(\rho'' - \rho\,\phi'^2)\begin{pmatrix}\cos\phi\\ \sin\phi\\ 0\end{pmatrix} + (2\rho'\phi' + \rho\,\phi'')\begin{pmatrix}-\sin\phi\\ \cos\phi\\ 0\end{pmatrix} = -\frac{1+\varepsilon}{\rho^2}\begin{pmatrix}\cos\phi\\ \sin\phi\\ 0\end{pmatrix}. \tag{6.4}$$

Multiplikation von (6.4) mit $(\cos\phi, \sin\phi, 0)$ ergibt

$$\rho'' - \rho\,\phi'^2 = -\frac{1+\varepsilon}{\rho^2} \tag{6.5a}$$

bzw. Multiplikation mit $(-\sin\phi, \cos\phi, 0)^T$ ergibt

$$2\rho'\phi' + \rho\,\phi'' = 0. \tag{6.5b}$$

Die Gleichung (6.5b) ist gleichbedeutend mit

$$\frac{1}{\rho}\frac{d}{dt}(\rho^2\phi') = 0 \quad \text{bzw.} \quad \rho^2\phi' = \text{konstant.}$$

Wegen der Drehimpulserhaltung

$$r \times r' = \begin{pmatrix}\rho(t)\cos\phi(t)\\ \rho(t)\sin\phi(t)\\ 0\end{pmatrix} \times \begin{pmatrix}\rho'(t)\cos\phi(t) - \rho(t)\phi'(t)\sin\phi(t)\\ \rho'(t)\sin\phi(t) + \rho(t)\phi'(t)\cos\phi(t)\\ 0\end{pmatrix} = \begin{pmatrix}0\\ 0\\ \rho^2\phi'\end{pmatrix}$$

folgt $\rho^2\phi' = \gamma$ (konstant für alle Zeiten!). Diese Beziehung wird in (6.5a) eingesetzt:

$$\rho'' - \frac{\gamma^2}{\rho^3} + \frac{1+\varepsilon}{\rho^2} = 0. \tag{6.6}$$

Gleichung (6.6) wird mit ρ' multipliziert:

$$\underbrace{\rho'\rho''}_{=\frac{1}{2}\frac{d}{dt}(\rho')^2} - \frac{\rho'}{\rho^3}\gamma^2 + \frac{\rho'}{\rho^2}(1+\varepsilon) = 0.$$

Integration über $(0, T)$ ergibt:

$$\frac{1}{2}\rho'(t)^2 + \underbrace{\frac{\gamma^2}{2\rho(t)^2} - \frac{1+\varepsilon}{\rho(t)}}_{=:V(\rho)} = \frac{1}{2}\rho'(0)^2 + \frac{\gamma^2}{2\rho(0)^2} - \frac{1+\varepsilon}{\rho(0)}$$

$$\Longrightarrow \quad E := \underbrace{\frac{1}{2}\rho'(t)^2}_{\substack{\text{kinetische}\\ \text{Energie}}} + \underbrace{V(\rho)}_{\substack{\text{potenzielle}\\ \text{Energie}}} \equiv \text{konstant} \quad \text{(Energieerhaltung!)}.$$

Damit folgt

$$\frac{d\rho}{dt} = \pm\sqrt{2(E - V(\rho))} \quad \text{und} \quad \frac{d\phi}{dt} = \frac{\gamma}{\rho^2}$$
$$\Longrightarrow \quad \frac{d\phi}{d\rho} = \frac{d\phi}{dt}\frac{dt}{d\rho} = \pm\frac{\gamma}{\rho^2\sqrt{2(E - V(\rho))}}.$$

Integration über (ρ_0, ρ) ergibt:

$$\phi = \phi(\rho_0) \pm \int_{\rho_0}^{\rho(\phi)} \frac{\gamma}{r^2\sqrt{2(E - V(r))}}\,dr.$$

Dieses Integral kann man explizit ausrechnen (Substitution $u := \frac{1}{r}$). Man erhält:

$$\rho(\phi) = \frac{p}{1 + q\cos(\phi - \phi_1)} \tag{6.7}$$

mit

$$p := \frac{\gamma^2}{1+\varepsilon},$$
$$q := \sqrt{1 + 2\frac{\gamma^2 E}{(1+\varepsilon)^2}},$$
$$\phi_1 := \phi_0 + \arccos\frac{\gamma_2 - (1+\varepsilon)\rho_0}{\rho_0\sqrt{2E\gamma^2 + (1+\varepsilon)^2}}.$$

Die Gleichung (6.7) stellt einen Kegelschnitt dar (Typ hängt von q ab):

Parameter q	Kegelschnitt	Energie
$q = 0$	Kreis	$E = -\frac{1}{2}\left(\frac{1+\varepsilon}{\gamma}\right)^2$
$0 < q < 1$	Ellipse	$-\frac{1}{2}\left(\frac{1+\varepsilon}{\gamma}\right)^2 < E < 0$
$q = 1$	Parabel	$E = 0$
$q > 1$	Hyperbel	$E > 0$

Bei unseren aktuellen Anfangsbedingungen gelten

$$r(0) = \begin{pmatrix} \rho(0)\cos\phi(0) \\ \rho(0)\sin\phi(0) \\ 0 \end{pmatrix} = R_0 = \begin{pmatrix} -1 \\ 0 \\ 0 \end{pmatrix}$$

und

$$r'(0) = \begin{pmatrix} \rho'(0)\cos\phi(0) - \rho(0)\phi'(0)\sin\phi(0) \\ \rho'(0)\sin\phi(0) + \rho(0)\phi'(0)\cos\phi(0) \\ 0 \end{pmatrix} = V_0 = \begin{pmatrix} 0 \\ -1 \\ 0 \end{pmatrix},$$

also $\phi(0) = \pi$, $\rho(0) = 1$ und $\rho'(0) = 0$, $\phi'(0) = 1$

$$\Longrightarrow \quad \gamma = L = \rho(0)^2\phi'(0) = 1,$$
$$\Longrightarrow \quad E = -\frac{1}{2} - \varepsilon > -\frac{1}{2}(1+\varepsilon)^2.$$

Damit ist die Bahn der Sonne um die Erde eine Ellipse. Wegen $\varepsilon = 10^{-6} \ll 1$ ist die Bahn in guter Approximation ein Kreis.

Einfluss der Anfangsgeschwindigkeit der Erde (Wähle $\varepsilon = 0$.)

$v = 1 \quad \Longrightarrow$ Bahn ist ein Kreis (siehe oben).

$v < \sqrt{2} \quad \Longrightarrow \quad L^2 = \gamma^2 = v^2 \quad \Longrightarrow \quad E = \frac{v^2}{2} - 1 < 0$

$\Longrightarrow$ Bahn ist eine Ellipse.

$v > \sqrt{2} \quad \Longrightarrow \quad E > 0$

$\Longrightarrow$ Bahn ist eine Hyperbel.

Die Erde hat zu viel Energie und verlässt das Sonnensystem. Bei „größerer" Masse der Erde würde die Sonne in deren Gravitationsfeld kleine Bewegungen durchlaufen. Nimmt man den Jupiter mit $m_3 = 2 \cdot 10^{27}$ kg noch zum System hinzu (5,2-fache Entfernung Erde–Mond), so erhält man ein Dreikörpersystem, welches man nur noch numerisch behandeln kann.

6.2 Wie lang sollte die Grünphase einer Ampel sein, um Staus zu vermeiden?

Vom diskreten zum kontinuierlichen Modell

Um die Frage aus der Überschrift beantworten zu können, möchten wir ein Modell entwickeln, welches uns den Verkehrsfluss auf einer Straße beschreibt. Wir beginnen mit einem diskreten Modell unter einfachen Annahmen.

Auf einer einspurigen Straße (ohne Kreuzungen und Abzweigungen) fahren N Autos. Jedes Auto befindet sich zum Zeitpunkt $\tilde{t} > 0$ am Ort $\tilde{x}_n(\tilde{t}) \in \mathbb{R}$ und bewegt sich mit der Geschwindigkeit

$$\tilde{v}_n(\tilde{t}) = \frac{d}{d\tilde{t}}\tilde{x}_n(\tilde{t}). \tag{6.8}$$

Die Autos sind nummeriert in aufsteigender Reihenfolge, es gilt $\tilde{x}_{n+1} - \tilde{x}_n >$ Autolänge. Wir nehmen an, dass sich alle Fahrer an die gleichen Verkehrsregeln halten.

Sei $\tilde{h}_n(\tilde{t}) := \tilde{x}_{n+1}(\tilde{t}) - \tilde{x}_n(\tilde{t})$ die Distanz zum Vorderauto. Wir definieren die diskrete Autodichte durch

$$\tilde{\rho}_n(\tilde{t}) := \frac{k}{\tilde{h}_n(\tilde{t})}$$

und machen die grundsätzliche Annahme, dass die Geschwindigkeit $\tilde{v}_n$ von der Autodichte $\tilde{\rho}_n$ abhängt,

$$\tilde{v}_n = \tilde{U}(\tilde{\rho}_n).$$

Die Funktion $\tilde{U}$ habe folgendes qualitatives Aussehen:

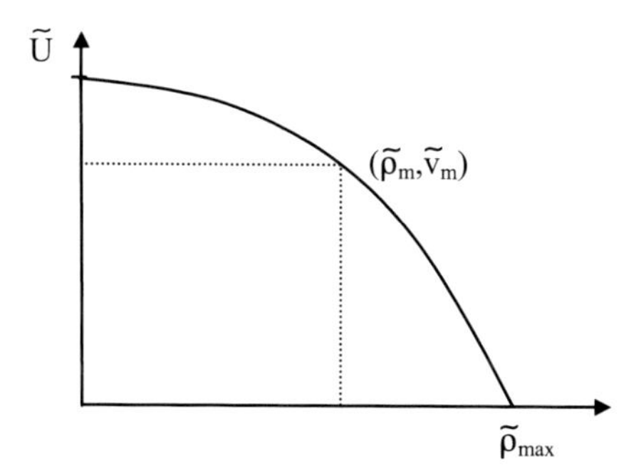

Wir können nun das System von Bewegungsgleichungen zu unseren N Autos aufstellen

$$\frac{d}{d\tilde{t}}\tilde{x}_n(\tilde{t}) = \tilde{U}\left(\frac{k}{\tilde{x}_{n+1}(\tilde{t}) - \tilde{x}_n(\tilde{t})}\right). \tag{6.9}$$

Um das diskrete Modell noch zu vervollständigen, benötigen wir Randbedingungen. Es ist anschaulich klar, da wir N Autos haben, muss die Geschwindigkeit des N-ten Autos, an der Spitze der Autogruppe, vorgegeben werden. Es sei

$$\tilde{v}_N(\tilde{t}) = g(\tilde{t}), \tag{6.10}$$

wobei g eine gegebene Funktion ist.

Das von uns aufgestellte System (6.9), (6.10) ist dimensionsbehaftet. Wir wollen es nun in ein dimensionsloses System überführen. Sei L eine charakteristische abstrakte Längeneinheit und T eine charakteristische abstrakte Zeiteinheit. Wir definieren dimensionslose Variablen durch

$$x_n(t) := \frac{\tilde{x}_n(\tilde{t})}{L}, \quad t := \frac{\tilde{t}}{T}. \tag{6.11}$$

Aus der Beschaffenheit der Straße lässt sich eine maximale Autodichte ρ_∞ angeben. Die maximale Autodichte, auch Staudichte genannt, gibt an, ab welcher maximalen Dichte kein Verkehrsfluss mehr möglich ist. Ein weiterer Indikator der Straße ist die maximale Verkehrskapazität q_∞, welche angibt wie viele Autos pro Zeiteinheit maximal die Straße passieren können.

Die dimensionslose Massendichte und das dimensionslose Geschwindigkeitsfeld lauten dann

$$\rho_n(t) := \frac{\tilde{\rho}_n(\tilde{t})}{\rho_\infty}, \quad U(\rho_n) := \frac{\tilde{U}(\tilde{\rho}_n)}{q_\infty/\rho_\infty}. \tag{6.12}$$

Aus (6.11) und (6.12) schließen wir

$$\begin{aligned} \rho_n(t) &= \frac{1}{\rho_\infty} \cdot \frac{k}{\tilde{x}_{n+1}(\tilde{t}) - \tilde{x}_n(\tilde{t})} \\ &= \frac{k}{\rho_\infty L} \cdot \frac{k}{x_{n+1}(t) - x_n(t)} \end{aligned}$$

und

$$\begin{aligned} \tilde{U}(\tilde{\rho}_n) &= \frac{q_\infty}{\rho_\infty} U(\rho_n) \\ &= \frac{q_\infty}{\rho_\infty} U\left(\frac{k}{\rho_\infty L} \cdot \frac{k}{x_{n+1}(t) - x_n(t)}\right). \end{aligned}$$

Weiter

$$\begin{aligned} \frac{d}{dt} x_n(t) = \frac{1}{L}\frac{d\tilde{x}_n}{d\tilde{t}}\frac{d\tilde{t}}{dt} &= \frac{1}{L}\tilde{U}(\tilde{\rho}_n)\, T \\ &= \frac{1}{L} T \frac{q_\infty}{\rho_\infty} U\left(\frac{k}{\rho_\infty L} \cdot \frac{k}{x_{n+1}(t) - x_n(t)}\right). \end{aligned}$$

Wir definieren die Referenzzeit T durch

$$T := L\frac{\rho_\infty}{q_\infty}$$

und setzen als dimensionslosen Parameter

$$\varepsilon := \frac{k}{\rho_\infty L}.$$

Aus (6.9) und (6.10) erhalten wir die Gleichungen in der dimensionslosen Form

$$\frac{d}{dt} x_n(t) = U(\rho_n(t)) = U\left(\frac{\varepsilon}{x_{n+1}(t) - x_n(t)}\right) \tag{6.13}$$

$$v_N(t) = g(t). \tag{6.14}$$

Wir interessieren uns für die zeitliche Entwicklung der Massendichte – in unserem Fall der Autodichte. Um nicht jede Teilchenbahn $x_n(t)$ separat zu verfolgen, leiten wir aus unserem diskreten Modell (6.13)–(6.14) ein kontinuierliches Modell in t und x ab. Wir beginnen damit, dass wir annehmen, es existiere eine kontinuierliche Funktion $\rho(t,x)$, für welche

$$\rho_n(t) = \rho(t, x_n(t)) \tag{6.15}$$

gilt. Es sei ρ hinreichend glatt, insbesondere existiert $\partial_t \rho$ und $\partial_x \rho$. Wir können nun einerseits aus Gleichung (6.13) folgern, dass

$$\begin{aligned} \frac{d}{dt}\rho_n(t) &\overset{(6.13)}{=} -\frac{1}{(x_{n+1}(t) - x_n(t))^2}\big(v_{n+1}(t) - v_n(t)\big) \\ &= -\rho_n(t)\frac{v_{n+1}(t) - v_n(t)}{x_{n+1}(t) - x_n(t)}. \end{aligned} \tag{6.16}$$

Da

$$v(t,x) := U(\rho(t,x)),$$

ist

$$\frac{v_{n+1}(t) - v_n(t)}{x_{n+1}(t) - x_n(t)} \sim \partial_x v(t, x_n(t)).$$

Wir erhalten aus (6.16) somit

$$\frac{d}{dt}\rho_n(t) = -\rho(t, x_n(t))\partial_x v(t, x_n(t)). \tag{6.17}$$

Andererseits können wir mit (6.15) und der Kettenregel schließen

$$\frac{d}{dt}\rho_n(t) = \partial_t \rho(t, x_n(t)) + \partial_x \rho(t, x_n(t)) \underbrace{v_n(t)}_{=v(t, x_n(t))}. \tag{6.18}$$

Aus (6.17) und (6.18) zusammen folgt

$$-\rho(t, x_n(t))\partial_x v(t, x_n(t)) = \partial_t \rho(t, x_n(t)) + \partial_x \rho(t, x_n(t))\, v(t, x_n(t)).$$

Damit gilt

$$\partial_t \rho + \partial_x \big(\rho v\big) = 0. \tag{6.19}$$

Mit $v(t,x) = U(\rho(t,x))$ ergibt sich ein kontinuierliches Modell, welches die zeitliche und räumliche Entwicklung der Autodichte beschreibt:

$$\begin{aligned} \partial_t \rho + \partial_x\big(\rho\, U(\rho)\big) &= 0, \\ \rho(t,x^*) &= g(t). \end{aligned}$$

Wir mussten jedoch bei der Herleitung des Modells (6.19) nicht über die diskreten Zustände gehen. Nehmen wir an, $\rho(t,x)$ sei eine kontinuierliche Massendichte von Autos zum Zeitpunkt t im Ort $x \in \mathbb{R}$. Die Gesamtmasse an Autos

$$m(\Omega(t),t) = \int_{\Omega(t)} \rho(t,x)dx$$

sei zu jedem Zeitpunkt t konstant über einem Gebiet $\Omega(t)$. Das heißt

$$\frac{d}{dt}\left(\int_{\Omega(t)} \rho(t,x)dx\right) = 0.$$

Mit dem Reynoldsschen Transporttheorem 3.11 folgt

$$\int_{\Omega(t)} \big[\partial_t \rho + \operatorname{div}(\rho v)\big]dx = 0. \tag{6.20}$$

Hierbei ist $v = v(\rho)$ die durchschnittliche Autogeschwindigkeit. Da $\Omega(t)$ beliebige Testvolumina sind, gilt aus (6.20)

$$\partial_t \rho + \operatorname{div}(\rho\, v(\rho)) = 0. \tag{6.21}$$

Wir möchten nun verschiedene Verkehrsflussmodelle vorstellen. Die Modelle unterscheiden sich durch die Annahmen an das Verhalten der Geschwindigkeit in Bezug zur Autodichte.

1. Lighthill-Whitham-Modell[1]

$$v(\rho) := v_{\max}\left(1 - \frac{\rho}{\rho_{\max}}\right), \quad 0 < \rho < \rho_{\max}$$

Das heißt, je näher die Autodichte ρ der Staudichte ρ_∞, um so geringer die Geschwindigkeit v. Die Kopplung ist linear. Eingesetzt in (6.21) ergibt sich

$$\frac{\partial \rho}{\partial t} + \frac{\partial}{\partial x}\left(v_{\max}\, \rho \left(1 - \frac{\rho}{\rho_{\max}}\right)\right) = 0.$$

[1] Lighthill, Michael James: 1924–1998, britischer Mathematiker. Spezialisiert auf Strömungsdynamik, lieferte wichtige Beiträge zur Aeroakustik.

Wir setzen $\rho^* := 1 - 2\frac{\rho}{\rho_{\max}}$

$$\implies \quad \frac{\partial \rho^*}{\partial t} + \frac{1}{2}\frac{\partial}{\partial x}\left((\rho^*)^2\right) = 0. \tag{6.22}$$

Gleichung (6.22) ist die unviskose (engl. inviscide) Burgers-Gleichung[2].

2. Greenberg-Modell

$$v(\rho) := v_{\max}\left|\ln\left(\frac{\rho}{\rho_{\max}}\right)\right|, \qquad 0 < \rho < \rho_{\max}.$$

Physikalisch bedeutet dieser Ansatz, dass bei geringer Verkehrsdichte die Autos mit einer sehr hohen Geschwindigkeit fahren. Die Geschwindigkeit v ist unbeschränkt.

3. Payne-Whitham-Modell

$$\frac{\partial}{\partial t}\rho + \frac{\partial}{\partial x}(\rho\, v(\rho)) = 0,$$
$$\frac{\partial}{\partial t}(\rho v) + \frac{\partial}{\partial x}(\rho v^2 + p(\rho)) = 0,$$

mit $p(\rho) = a\rho^\gamma, a > 0, \gamma \geq 1$. Der Nachteil bei diesem Modell ist, dass es unter Umständen Lösungen mit negativer Geschwindigkeit geben kann.

Die Burgers-Gleichung

Wir möchten uns nun mit dem Lighthill-Whitham-Modell näher beschäftigen. Im vorherigen Abschnitt haben wir gesehen, dass wir aus unserer Modellierung die Burgers-Gleichung erhalten. Im Folgenden wollen wir das Verhalten möglicher Lösungen näher untersuchen. Gegeben sei

$$\partial_t u + \frac{1}{2}\partial_x(u^2) = 0 \qquad \text{auf } (t,x) \in (0,\infty) \times \mathbb{R}, \tag{6.23}$$
$$u(0,x) = g(x) \qquad \text{für } x \in \mathbb{R}. \tag{6.24}$$

Problem (6.23), (6.24) lässt sich auch schreiben als

$$\partial_t u + u\,\partial_x u = 0 \qquad \text{auf } (t,x) \in (0,\infty) \times \mathbb{R}, \tag{6.25}$$
$$u(0,x) = g(x) \qquad \text{für } x \in \mathbb{R}. \tag{6.26}$$

[2] Burgers, Johannes Martinus: 1895–1981, niederländischer Physiker. Spezialisiert in Strömungsmechanik und Materialtheorie, bekannt für die Burgers-Gleichung und dazugehörige Turbulenzmodelle sowie das Burgers-Material in der Viskoelastizität.

Wir untersuchen, wie sich eine Lösung von (6.25), (6.26) entlang von Trajektorien im Raum verhält. Das heißt, wir betrachten das Verhalten von $u(t,x(t))$ in der Zeit. Mit der Kettenregel ergibt sich

$$\frac{d}{dt}u(t,x(t)) = \partial_t u(t,x(t)) + x'(t)\partial_x u(t,x(t)).$$

Unter der Annahme

$$x'(t) = u(t,x(t)) \tag{6.27}$$

ergibt sich unter Nutzung von (6.25), dass

$$\frac{d}{dt}u(t,x(t)) = 0 \tag{6.28}$$

gelten muss. Aus Gleichung (6.26) erhalten wir $u(0,x(0)) = g(x(0))$. Damit gilt aus (6.28), dass

$$u(t,x(t)) = g(x(0)). \tag{6.29}$$

Wir hatten für diese Schlussfolgerung die Annahme (6.27) gemacht. Mit (6.29) folgt, dass

$$x(t) = x(0) + g(x(0))t \tag{6.30}$$

gilt. Eine Lösung von Problem (6.23), (6.24) ist

$$u(t,x) = g(x_0) \quad \text{mit } x = x_0 + g(x_0)t.$$

Das bedeutet u ist auf Geraden der Form $x = x_0 + g(x_0)t$ konstant.

Wir betrachten im Folgenden unterschiedliche Anfangsdaten g.

Beispiel 6.1

Sei g stetig gegeben durch

$$g(x) = \begin{cases} 1 & \text{für } x \leq 0, \\ 1-x & \text{für } 0 \leq x \leq 1, \\ 0 & \text{für } x \geq 1. \end{cases}$$

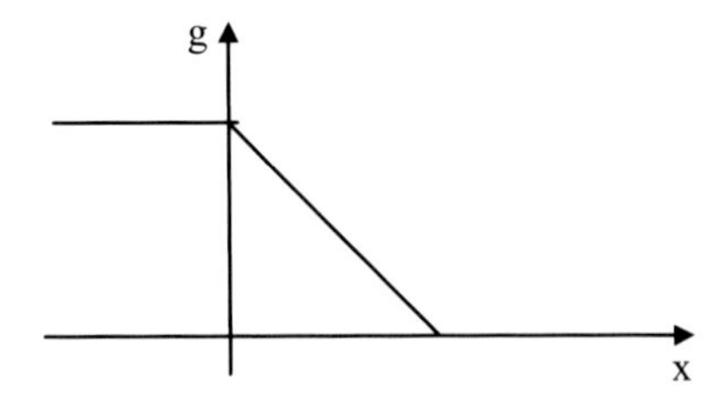

Wir möchten nun die Trajektorien einzeichnen, für die u konstant ist:

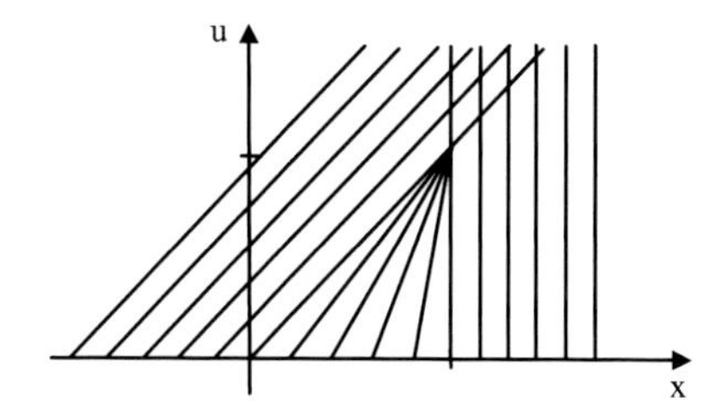

Alle Geraden überdecken die gesamte (t, x)-Ebene, sie schneiden sich jedoch.

Beispiel 6.2
Sei g gegeben durch

$$g(x) = \begin{cases} 0 & \text{für } x \leq 0, \\ x & \text{für } 0 \leq x \leq 1, \\ 1 & \text{für } x \geq 1. \end{cases}$$

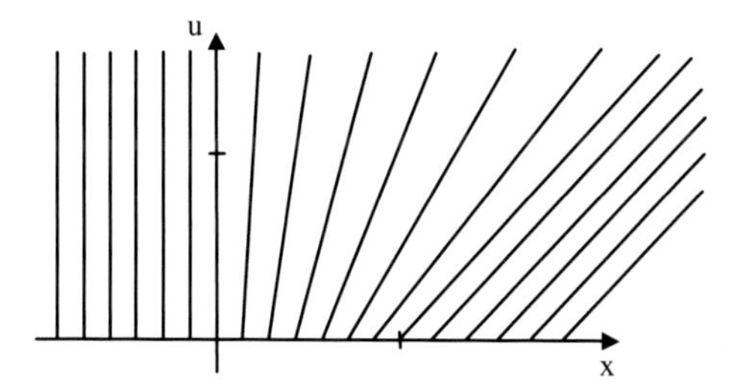

Nun folgen zwei Beispiele, bei denen wir gleich unstetige Anfangsdaten vorgeben.

Beispiel 6.3
Sei

$$g(x) = \begin{cases} -1 & \text{für } x \leq 0, \\ 1 & \text{für } x > 0. \end{cases}$$

Für den Kegel $|x| < t$ existieren keine Lösungstrajektorien. Das heißt, das Lösungsverhalten in diesem Bereich der (t, x)-Ebene ist unklar. Als stückweise stetige Lösungen können wir zum Beispiel wählen:

$$u_1(t, x) = \begin{cases} -1 & \text{für } x < -t, \\ 0 & \text{für } -t < x < t, \\ 1 & \text{für } t < x \end{cases}$$

oder

$$u_{1,\alpha}(t,x) = \begin{cases} -1 & \text{für } x < -\frac{1+\alpha}{2}t, \\ -\alpha & \text{für } -\frac{1+\alpha}{2}t < x < 0, \\ \alpha & \text{für } 0 < x < \frac{1+\alpha}{2}t, \\ 1 & \text{für } \frac{1+\alpha}{2}t < x, \end{cases} \qquad \alpha \geq -1.$$

Als stetige Lösung ist möglich

$$u_{1,2}(t,x) = \begin{cases} -1 & \text{für } x < -t, \\ x/t & \text{für } -t < x < t, \\ 1 & \text{für } t < x. \end{cases}$$

Beispiel 6.4
Sei

$$g(x) = \begin{cases} 1 & \text{für } x \leq 0, \\ -1 & \text{für } x > 0. \end{cases}$$

Hier ist die Situation genau umgekehrt, im Bereich $|x| < t$ schneiden sich die Lösungstrajektorien. Damit ist das Lösungsverhalten ebenfalls unklar.

Unterschiedliche Lösungsmöglichkeiten wären

$$u_{2,1}(t,x) = \begin{cases} -1 & \text{für } x < 0, \\ 1 & \text{für } 0 < x, \end{cases}$$

$$u_{2,2}(t,x) = \begin{cases} 1 & \text{für } x < -t, \\ 0 & \text{für } -t < x < t, \\ -1 & \text{für } t < x \end{cases}$$

oder

$$u_{2,\beta}(t,x) = \begin{cases} 1 & \text{für } x < -\frac{\beta-1}{2}t, \\ -\beta & \text{für } -\frac{\beta-1}{2}t < x < 0, \\ \beta & \text{für } 0 < x < \frac{\beta-1}{2}t, \\ -1 & \text{für } \frac{\beta-1}{2}t < x, \end{cases} \qquad \beta > 1.$$

In den Beispielen 6.3 und 6.4 ist es noch nicht einmal sinnvoll, eine starke Lösung auf einem kleinen Existenzintervall zu suchen.

Wie wir an den Beispielen sehen, können wir nicht in jedem Fall eine stetig differenzierbare Lösung erwarten. Um weiterzukommen, müssen wir unseren Lösungsbegriff erweitern. Wir gehen zurück zur Modellierung und betrachten System (6.23), (6.24) wieder als Integralgleichungen über Testgebieten $\Omega(t)$. Das ist das Gleiche, wie wenn wir (6.23) mit Testfunktionen $\varphi \in C_0^\infty(\mathbb{R}^2)$ multiplizieren und über $\mathbb{R}^+ \times \mathbb{R}$ integrieren. Wir setzen

$f(u) = \frac{1}{2}u^2$. Mit partieller Integration erhalten wir

$$\begin{aligned}
0 &= \int_{\mathbb{R}^+\times\mathbb{R}} \big(\partial_t u + \partial_x(f(u))\big)\varphi\, d(t,x) \\
&= \int_0^\infty \int_{\mathbb{R}} \big(\partial_t u\, \varphi + \partial_x(f(u))\, \varphi\big) d(t,x) \\
&= \left[\int_{\mathbb{R}} u\, \varphi\, dx\right]_0^\infty - \int_0^\infty \int_{\mathbb{R}} u\, \partial_t \varphi\, d(t,x) \\
&\quad + \left[\int_{\mathbb{R}^+} f(u)\, \varphi dt\right]_{-\infty}^{+\infty} - \int_0^\infty \int_{\mathbb{R}} f(u)\, \partial_x \varphi\, d(t,x) \\
&= - \int_{\mathbb{R}^+\times\mathbb{R}} \big(u\, \partial_t \varphi + f(u)\, \partial_x \varphi\big) d(t,x) - \int_{\mathbb{R}} u(0,x)\varphi(0,x) dx.
\end{aligned}$$

Wir definieren, was eine schwache Lösung von (6.23), (6.24) sein soll:

Definition 6.5

Die Abbildung $u \in L^\infty(\mathbb{R}^+ \times \mathbb{R})$ heißt *schwache Lösung* zu (6.23) und (6.24) mit gegebenen $g \in L^\infty(\mathbb{R})$, wenn

$$\int_{\mathbb{R}^+\times\mathbb{R}} \big(u\, \partial_t \varphi + f(u)\, \partial_x \varphi\big) d(t,x) - \int_{\mathbb{R}} g(x)\varphi(0,x) dx = 0, \quad \forall\, \varphi \in C_0^\infty(\mathbb{R}^2).$$

Der schwache Lösungsbegriff ist damit physikalischer als der starke Lösungsbegriff. Es ist klar, starke Lösungen sind auch schwache Lösungen.

Wir haben zu den Beispielen 6.1, 6.3 und 6.4 verschiedene stückweise stetige Lösungen $u \in L^\infty(\mathbb{R}^+ \times \mathbb{R})$ angegeben. Die Frage ist, sind $u_1, u_{1,\alpha}, u_{1,2}, u_{2,1}$, $u_{2,2}$ und $u_{2,\beta}$ jeweils schwache Lösungen? Die Antwort ist nein. Wir werden nun zeigen: Schwache Lösungen können nicht beliebig springen.

Voraussetzung Es sei B ein Gebiet in der (t,x)-Ebene, welches durch eine glatte Kurve $\gamma = \gamma(t, y(t))$ in zwei disjunkte Gebiete B_1 und B_2 geteilt sei, d. h. $B = B_1 \cup B_2 \cup \gamma$. Es sei eine schwache Lösung u gegeben, welche auf B_1 und B_2 stetig differenzierbar ist und entlang von γ springen möge.

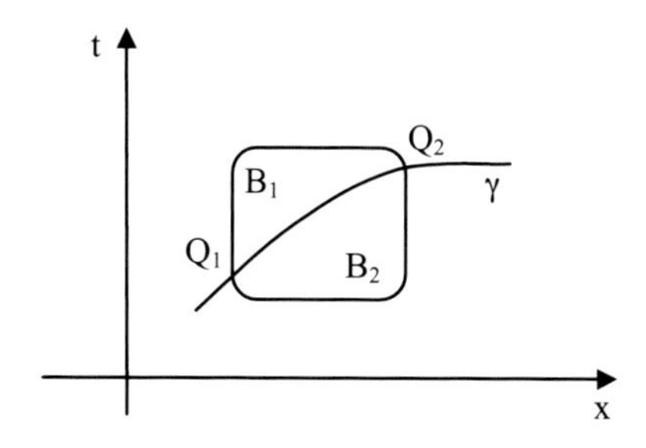

Wir können nun folgern. Sei $\varphi \in C_0^\infty(B)$, so ist

$$\begin{aligned} 0 &= \int_B \big(u\,\partial_t\varphi + f(u)\,\partial_x\varphi\big)d(t,x) \\ &= \int_{B_1} \big(u\,\partial_t\varphi + f(u)\,\partial_x\varphi\big)d(t,x) + \int_{B_2} \big(u\,\partial_t\varphi + f(u)\,\partial_x\varphi\big)d(t,x). \end{aligned} \tag{6.31}$$

Wir berechnen das erste Integral über das Gebiet B_1. Da u starke Lösung auf B_1, gilt

$$\begin{aligned} \int_{B_1} \big(u\,\partial_t\varphi + f(u)\,\partial_x\varphi\big)d(t,x) &= \underbrace{\int_{B_1} \big(\partial_t u\,\varphi + \partial_x f(u)\,\varphi\big)d(t,x)}_{=0} \\ &\quad + \int_{B_1} \big(u\,\partial_t\varphi + f(u)\,\partial_x\varphi\big)d(t,x) \\ &= \int_{B_1} \big(\partial_t(u\varphi) + \partial_x(f(u)\varphi)\big)d(t,x) \\ &= \int_{\partial B_1} \big(u\varphi\, n_1 + f(u)\varphi\, n_2\big)d\sigma. \end{aligned}$$

Im letzten Schritt der Umformung wurde partiell integriert, wobei der Vektor $(n_1, n_2)^T$ der äußere Normalenvektor an B_1 ist. Für den äußeren Normalenvektor gilt

$$\begin{pmatrix} n_1 \\ n_2 \end{pmatrix} = \begin{pmatrix} -y'(t) \\ 1 \end{pmatrix}.$$

Wir rechnen weiter

$$\begin{aligned} \int_{B_1} \big(u\,\partial_t\varphi + f(u)\,\partial_x\varphi\big)d(t,x) &= \int_{P_1}^{P_2} \big(-u(t,y(t))y'(t) + f(u(t,y(t)))\big)\varphi(t,y(t))dt \\ &= \int_{P_1}^{P_2} \big(-u_l\,y' + f(u_l)\big)\varphi\,dt. \end{aligned} \tag{6.32}$$

Die gleiche Rechnung führen wir mit dem zweiten Integral der rechten Seite von (6.31) durch. Es ist

$$\int_{B_2} \big(u\,\partial_t\varphi + f(u)\,\partial_x\varphi\big)d(t,x) = \int_{\partial B_2} \big(u\varphi\,\bar{n}_1 + f(u)\varphi\,\bar{n}_2\big)d\sigma.$$

Hierbei ist $(\bar{n}_1, \bar{n}_2)^T$ der äußere Normalenvektor an B_2. Wegen $(\bar{n}_1, \bar{n}_2)^T = -(n_1, n_2)^T$ gilt

$$\int_{B_2} \big(u\,\partial_t\varphi + f(u)\,\partial_x\varphi\big)d(t,x) = -\int_{P_1}^{P_2} \big(-u_r\,y' + f(u_r)\big)\varphi\,dt. \tag{6.33}$$

Aus (6.31), (6.32) und (6.33) folgt

$$0 = \int_{P_1}^{P_2} \big(-y'(u_l - u_r) + (f(u_l) - f(u_r))\big)\varphi\,dt.$$

Die schwache Lösung muss also folgende *Sprungbedingung* erfüllen:

$$y'[u] = [f(u)], \tag{6.34}$$

wobei $[u] := u_l - u_r$ und $[f(u)] = f(u_l) - f(u_r)$. Bedingung (6.34) wird als *Rankine-Hugoniot-Bedingung* bezeichnet.

Wir wollen nun prüfen, ob die angegebenen Lösungen aus den Beispielen 6.3 und 6.4 schwache Lösungen sind. Es ist $f(u) = \frac{1}{2}u^2$, dann

$$\begin{aligned} &\Rightarrow \quad y'(u_l - u_r) = \frac{1}{2}(u_l^2 - u_r^2) \\ &\Rightarrow \quad y' = \frac{1}{2}(u_l + u_r). \end{aligned} \tag{6.35}$$

Beispiel 6.3 (Fortsetzung)

- Ist u_1 eine schwache Lösung? Nein! Es ist $\gamma_1 = (t, y(t))$ mit $y(t) = t$, und $u_l = 0, u_r = 1$. Dann

$$1 = y' = \frac{1}{2}(u_l + u_r) = \frac{1}{2}(0+1) = \frac{1}{2} \quad \text{Widerspruch.}$$

  Das heißt, u_1 ist keine schwache Lösung.
- Ist $u_{1,\alpha}$ schwache Lösung? Ja! Es ist $\gamma_1 = (t, \frac{1+\alpha}{2}t)$ mit $u_l = \alpha, u_r = 1$. Dann ist (6.35) erfüllt. Ebenso für $\gamma_2 = (t, 0)$, $\gamma_3 = (t, -\frac{1+\alpha}{2}t)$. Somit ist $u_{1,\alpha}$ schwache Lösung.
- Ist $u_{1,2}$ schwache Lösung? Ja, denn $u_{1,2}$ ist stetig. Ausgenommen den Punkt $(0, x)$, dort besitzt $u_{1,2}$ eine charakteristische Singularität und ist nicht definiert.

Beispiel 6.4 (Fortsetzung)

Die Lösungen $u_{2,1}$ und $u_{2,2}$ sind schwache Lösungen.

▶ **Bemerkung 6.6** Wir sehen, schwache Lösungen sind nicht eindeutig.

Beispiel 6.1 (Fortsetzung)

Wie muss man für $t \geq 1$ eine Lösung u definieren, sodass u eine schwache Lösung ist? Es ist klar, $u_l = 1$ und $u_r = 0$. Nach (6.35) muss $y'(t) = \frac{1}{2}$ gelten. Es folgt $y(t) = \frac{1}{2}t + C$, und somit $\gamma = (t, \frac{1}{2}t + C)$. Der Punkt $P = (1,1)$ ist der Punkt, in welchem sich die Trajektorien zum ersten mal schneiden. Es muss der Startpunkt von γ sein. Das heißt $C = \frac{1}{2}$.

$$\Longrightarrow \quad \gamma = \left(t, \frac{1}{2}t + \frac{1}{2}\right).$$

Es ist also für $t \geq 1$ die Funktion

$$u(t,x) = \begin{cases} 1 & \text{für } t \geq 1,\ x < \frac{1}{2}t + \frac{1}{2}, \\ 0 & \text{für } t \geq 1,\ x \geq \frac{1}{2}t + \frac{1}{2} \end{cases}$$

eine schwache Lösung.

Die Entropiebedingung

Wir haben in den Beispielen 6.1 bis 6.4 gesehen, dass es mehrere Lösungen geben kann, welche schwache Lösungen sind. Aber nicht jede dieser schwachen Lösungen ist auch physikalisch. Das heißt, nicht jede schwache Lösung erfüllt die Entropiebedingung (siehe Abschn. 5.1). Wir betrachten zuerst die viskose Burgers-Gleichung

$$\partial_t u + \partial_x f(u) = \varepsilon \partial_{xx} u, \quad \text{mit } f(u) = \frac{1}{2}u^2. \tag{6.36}$$

Hierbei soll ε als kleiner positiver Faktor gesehen werden. Wir wissen aus Abschn. 5.1, dass jede Lösung von (6.36) die Entropiebedingung erfüllt und damit auch physikalisch korrekt ist.

Frage Welche unstetige Lösung von (6.36) ist möglich für $\varepsilon \searrow 0$?

Aufgrund der kleinen Viskosität vermuten wir, dass in der Nähe der Unstetigkeitskurve $\gamma = (t, y(t))$ ein grenzschichtartiges Verhalten in ε vorliegt. Dieses mögliche Grenzschichtverhalten wollen wir nun näher untersuchen. Wie in Kapitel 2.5 führen wir lokale Variablen um γ ein. Es seien

$$\xi(t) = \frac{x - y(t)}{\varepsilon}$$

und

$$u(t,x) = U(t, \xi(t)).$$

Für die partiellen Ableitungen gilt

$$\begin{aligned}
\partial_t u &= \partial_t U + \partial_\xi U \left(-\frac{y'(t)}{\varepsilon} \right), \\
\partial_x f(u) &= f'(u)\partial_x u = f'(U)\partial_\xi U \frac{1}{\varepsilon} = \partial_\xi f(U) \frac{1}{\varepsilon}, \\
\partial_{xx} u &= \partial_{\xi\xi} U \frac{1}{\varepsilon^2}.
\end{aligned}$$

Eingesetzt in (6.36) ergibt sich

$$\partial_t U - \frac{1}{\varepsilon} y' \partial_\xi U + \frac{1}{\varepsilon} \partial_\xi f(U) = \frac{1}{\varepsilon} \partial_{\xi\xi} U.$$

Aus dem Vergleich der Ordnung der ε-Koeffizienten erhalten wir

$$-y' \partial_\xi U + \partial_\xi f(U) = \partial_{\xi\xi} U. \tag{6.37}$$

Die Funktion U muss folgende Randwerte im Unendlichen erfüllen:

$$U(t,-\infty) = u_l(t,y(t)), \tag{6.38}$$

$$U(t,+\infty) = u_r(t,y(t)). \tag{6.39}$$

Es sei U eine stetig differenzierbare Lösung des Randwertproblems (6.37), (6.38), (6.39). Wir multiplizieren (6.37) mit $\partial_\xi U$

$$2(f'(U)-y')\frac{|\partial_\xi U|^2}{2} = \partial_{\xi\xi}U\partial_\xi U = \partial_\xi\left(\frac{|\partial_\xi U|^2}{2}\right)$$

und erhalten

$$2(f'(U)-y') = \partial_\xi \ln\left(\frac{|\partial_\xi U|^2}{2}\right).$$

Durch Integration folgt

$$\ln\left(\frac{|\partial_\xi U(\xi)|^2}{2}\right) = \ln\left(\frac{|\partial_\xi U(0)|^2}{2}\right) + \int_0^\xi 2(f'(U)-y')d\tilde{\xi}$$

und damit

$$|\partial_\xi U(\xi)|^2 = |\partial_\xi U(0)|^2 \exp\left(\int_0^\xi 2(f'(U(\tilde{\xi}))-y')d\tilde{\xi}\right).$$

Der Einfachheit halber haben wir die Abhängigkeit von t vernachlässigt.

Wir integrieren nun von $-\infty$ bis $+\infty$

$$\infty > \int_{-\infty}^{+\infty} |\partial_\xi U(\xi)|^2 d\xi = |\partial_\xi U(0)|^2 \int_{-\infty}^{+\infty} \exp\left(\int_0^\xi 2(f'(U(\tilde{\xi}))-y')d\tilde{\xi}\right)d\xi.$$

Mit den Randbedingungen (6.38) und (6.39) folgt (formal)

$$f'(u_l) - y' > 0 \quad \text{und} \quad f'(u_r) - y' < 0. \tag{6.40}$$

Aus den Bedingungen (6.40) folgt

$$f'(u_l) > y' > f'(u_r). \tag{6.41}$$

Die Bedingung (6.41) nennt man *Entropiebedingung*. Die Entropiebedingung ist gleichbedeutend mit der Erfüllung des 2. Hauptsatzes der Thermodynamik. Dieser besagt, dass ein physikalisch realer Zustand beim Durchlaufen einer Unstetigkeit seine Entropie nur erhöhen und nicht verringern kann. Nur schwache Lösungen, welche die Entropiebedingung erfüllen, sind physikalisch sinnvolle Lösungen.

Für unsere Situation, da $f(u) = \frac{1}{2}u^2$, lässt sich (6.41) schreiben zu

$$u_l > y' > u_r \implies u_l > u_r .$$

Beispiel 6.4 (Fortsetzung)
Die Funktionen $u_{2,1}$ und $u_{2,\beta}$ waren schwache Lösungen. Aber nur $u_{2,1}$ erfüllt die Entropiebedingung und ist damit die einzig physikalisch sinnvolle Lösung.

Beispiel 6.3 (Fortsetzung)
Die Funktionen $u_{1,2}$ und $u_{1,\alpha}$ waren schwache Lösungen. Aber nur $u_{1,\alpha}$ erfüllt die Entropiebedingung. Diese Lösung wird *Verdünnungswelle* genannt.

Allgemein gilt der Satz (ohne Beweis):

Satz 6.7 *Schwache Lösungen, welche die Entropiebedingung (6.41) erfüllen, sind eindeutig.*

Wir möchten nun die Antwort auf unsere Ausgangsfrage geben.

Beispiel 6.8
Wir wählen eine Anwendung aus dem Verkehr. An einer roten Ampel wartet eine endliche Anzahl von Autos. Wir wollen die Bewegung der Autos beschreiben, wenn die Ampel auf grün wechselt.

Die Anfangswerte zum Zeitpunkt $t = 0$ sind gegeben durch

$$g(x) = \begin{cases} 0 & \text{für } x \le 0, \\ 1 & \text{für } 0 < x \le 1, \\ 0 & \text{für } x > 1. \end{cases}$$

Aus der Sprungbedingung (6.35) folgt

$$y'(t) = \frac{1}{2}(u_l + u_r) = \begin{cases} \frac{1}{2} & \text{für } t < 2, \\ \frac{y(t)}{2t} & \text{für } t > 2. \end{cases}$$

Das heißt, für $t < 2$ gilt

$$y'(t) = \frac{1}{2} \quad \Rightarrow \quad y(t) = \frac{1}{2}t + 1,$$

denn y_1 muss am Punkt $P = (0,1)$ starten. Ab $x = 1$ breitet sich ein Stoß mit der Geschwindigkeit $y'(t) = \frac{1}{2}$ aus. An der Stelle $x = 0$ beginnt eine Verdünnungswelle. Somit lautet für $t < 2$ die physikalisch korrekte Lösung

$$u_1(t,x) = \begin{cases} 0 & \text{für } x \leq 0, \\ x/t & \text{für } 0 < x \leq t, \\ 1 & \text{für } t < x \leq 1 + t/2, \\ 0 & \text{für } 1 + t/2 < x. \end{cases}$$

Für $t > 2$ gilt

$$y'(t) = \frac{y(t)}{2t} \quad \Rightarrow \quad y(t) = \sqrt{t}C.$$

Da y_2 im Punkt $P = (2,2)$ startet, muss $C = \sqrt{2}$ sein. Für $t > 2$ lautet die Lösung

$$u_2(t,x) = \begin{cases} 0 & \text{für } x \leq 0, \\ x/t & \text{für } 0 < x \leq \sqrt{2t}, \\ 0 & \text{für } \sqrt{2t} < x. \end{cases}$$

Das bedeutet, für $t > 2$ holt die Verdünnungswelle den Stoß ein. Die Lösung ist ab diesem Zeitpunkt N-förmig (N-Welle).

An folgender Graphik lässt sich gut erkennen, wie eine stetige wellenartige Lösung mit fortlaufender Zeit immer steiler wird und zum Zeitpunkt t_0 bricht, um in eine unstetige Lösung überzugehen.

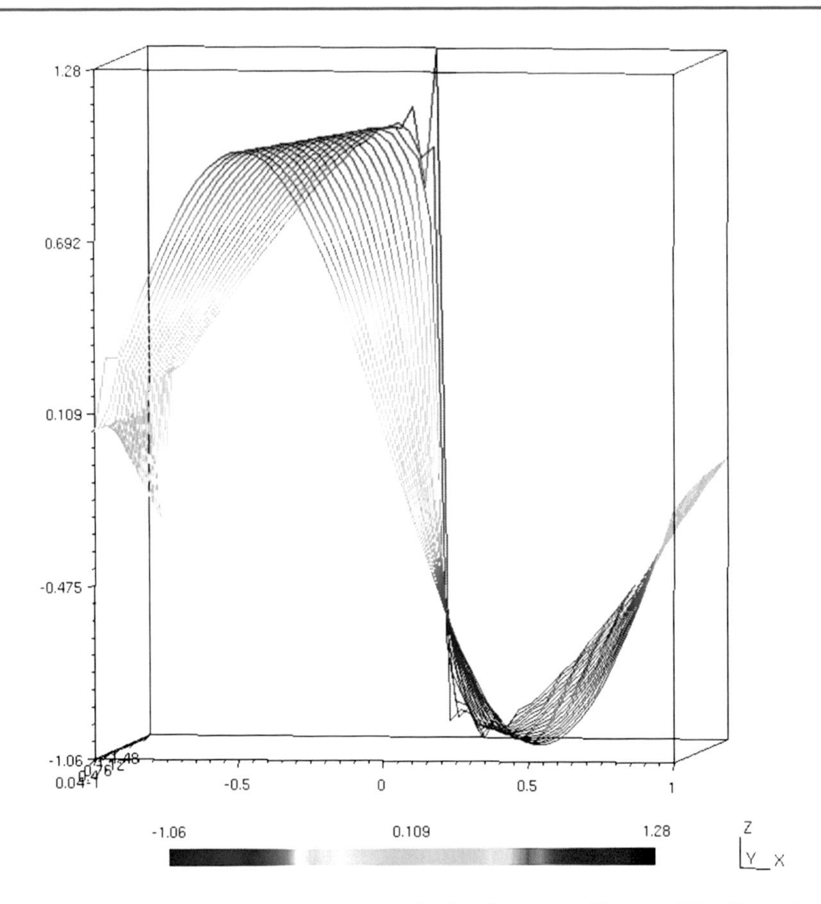

6.3 Wie akkretiert ein Stern Materie im interstellaren Medium?

Wir betrachten die kompressiblen Eulerschen Gleichungen der Gasdynamik (siehe Abschn. 4.1):

$$\begin{aligned} \partial_t \rho + \operatorname{div}(\rho\, v) &= 0, \\ \rho \partial_t v + \rho(v \cdot \nabla) v + \nabla p &= \rho\, f, \\ \rho \partial_t u + \rho u \nabla u + p \operatorname{div} u - \operatorname{div}(\kappa \nabla T) &= \rho\, g. \end{aligned}$$

Hierbei ist ρ die Massendichte, v das Geschwindigkeitsfeld, u die innere Energiedichte, p der Druck, T die Temperatur und f, g externe Kräfte. Der Wärmefluss verhält sich nach $q = \kappa \nabla T$.

Die innere Energiedichte verhält sich hierbei nach $u(\rho, T) = c_V T$ und der Druck $p(\rho, T) = c_R \rho T$, wobei c_V und c_R spezifische Konstanten sind, bestimmt durch das ideale Gas.

Betrachten wir den barotropen Fall, bei welchem die Temperatur konstant ist, so reduzieren sich die Eulerschen Gleichungen zu

$$\partial_t \rho + \operatorname{div}(\rho v) = 0, \tag{6.42}$$

$$\rho \partial_t v + \rho(v \cdot \nabla) v + \nabla p = \rho f, \tag{6.43}$$

mit dem konstitutiven Gesetz für den Druck

$$p(\rho) = a\rho^\gamma, \quad \gamma \geq 1. \tag{6.44}$$

Akustische Approximation der Eulerschen Gleichungen

Wir wollen die Ausbreitung von Schall in Gasen zeigen. Das heißt, wir möchten das Phänomen der Wellenausbreitung in Gasen untersuchen. Wir beschränken uns bei der Analyse auf barotrope Strömungen in einer Dimension ohne externe Kräfte (also $f \equiv 0$):

$$\partial_t \rho + v \partial_x \rho + \rho \partial_x v = 0, \tag{6.45}$$

$$\rho(\partial_t v + v \partial_x v) + p_{|\rho} \partial_x \rho = 0. \tag{6.46}$$

Wir können nun (6.45) umformen zu

$$\frac{p_{|\rho}}{\rho}(\partial_t \rho + v \partial_x \rho) + p_{|\rho} \partial_x v = 0. \tag{6.47}$$

Wir setzen

$$w := \begin{pmatrix} \rho \\ v \end{pmatrix}, \quad A_0(w) := \begin{pmatrix} p_{|\rho}/\rho & 0 \\ 0 & \rho \end{pmatrix}, \quad B(w) := \begin{pmatrix} 0 & p_{|\rho} \\ p_{|\rho} & 0 \end{pmatrix}.$$

Aus System (6.47), (6.46) wird

$$\begin{pmatrix} 0 \\ 0 \end{pmatrix} = A_0(w)\{\partial_t w + v \partial_x w\} + B(w) \partial_x w = A_0(w) \partial_t w + \underbrace{(v A_0(w) + B(w))}_{=:A_1(w)} \partial_x w.$$

Dann ist

$$A_0(w) \partial_t w + A_1(w) \partial_x w = 0 \tag{6.48}$$

mit

$$A_1(w) := \begin{pmatrix} (v p_{|\rho})/\rho & p_{|\rho} \\ p_{|\rho} & v\rho \end{pmatrix}.$$

Sei $W := (\rho_0, v_0)^T$ ein konstanter Zustand. Man sieht leicht, W ist Lösung von (6.45), (6.46). Wir wollen nun Gleichung (6.48) um diesen stationären Zustand W linearisieren. Sei

$$\begin{pmatrix} \rho \\ v \end{pmatrix} = w = W + \varepsilon \begin{pmatrix} \tilde{\rho} \\ \tilde{v} \end{pmatrix}.$$

Wir sehen ε als potenziell klein an.

Aus der Linearisierung nach dem Vergleich der ε-Terme mit der kleinsten Ordnung erhalten wir

$$A_0(W)\partial_t \begin{pmatrix} \tilde{\rho} \\ \tilde{v} \end{pmatrix} + A_1(W)\partial_x \begin{pmatrix} \tilde{\rho} \\ \tilde{v} \end{pmatrix} = 0. \tag{6.49}$$

Da $p_{|\rho} > 0$, ist $A_0(W)$ positiv definit und in Diagonalgestalt. Sei $A_0(W) =: H^2$, dann ergibt sich aus (6.49)

$$H\partial_t \begin{pmatrix} \tilde{\rho} \\ \tilde{v} \end{pmatrix} + \{H^{-1}A_1(W)H^{-1}\}H\partial_x \begin{pmatrix} \tilde{\rho} \\ \tilde{v} \end{pmatrix} = 0. \tag{6.50}$$

Da H konstant ist, ist Gleichung (6.50) für $H(\tilde{\rho}, \tilde{v})^T$ eine Transportgleichung mit Driftkoeffizient $H^{-1}A_1(W)H^{-1}$. Das heißt, die Eigenwerte von $H^{-1}A_1(W)H^{-1}$ sind die Ausbreitungsgeschwindigkeiten von Störungen $\varepsilon(\tilde{\rho}, \tilde{v})^T$ bezüglich des Grundflusses W. Es gilt

$$H^{-1}A_1(W)H^{-1} = H^{-1}\{v_0 A_0(W) + B(W)\}H^{-1} = v_0\, \mathbb{I} + H^{-1}B(W)H^{-1}$$

mit

$$H^{-1} = \begin{pmatrix} \left(\sqrt{p_{|\rho}(\rho_0)/\rho_0}\right)^{-1} & 0 \\ 0 & \left(\sqrt{\rho_0}\right)^{-1} \end{pmatrix}.$$

Mit

$$c^2 := p_{|\rho}(\rho_0)$$

erhalten wir

$$\begin{aligned} H^{-1}B(W)H^{-1} &= \begin{pmatrix} \sqrt{\rho_0}/c & 0 \\ 0 & 1/\sqrt{\rho_0} \end{pmatrix} \begin{pmatrix} 0 & c^2 \\ c^2 & 0 \end{pmatrix} \begin{pmatrix} \sqrt{\rho_0}/c & 0 \\ 0 & 1/\sqrt{\rho_0} \end{pmatrix} \\ &= \begin{pmatrix} 0 & \pm c \\ \pm c & 0 \end{pmatrix}. \end{aligned}$$

Die Eigenwerte dieser Matrix sind $\pm c$. Die Eigenwerte von $H^{-1}A_1(W)H^{-1}$ sind daher

$$\lambda_{1,2} = v_0 \pm c.$$

Die ε-Störungen breiten sich also mit der Geschwindigkeit c relativ zur Grundströmung v_0 aus. Damit ist

$$c = \sqrt{p_{|\rho}(\rho_0)} \tag{6.51}$$

die Ausbreitungsgeschwindigkeit von Schallwellen.

Denn: Betrachte Gleichung (6.49), wobei mit bisheriger Definition gilt

$$A_0(W) = \begin{pmatrix} c^2/\rho_0 & 0 \\ 0 & \rho_0 \end{pmatrix}, \quad A_1(W) = v_0\, A_0(W) + \begin{pmatrix} 0 & c^2 \\ c^2 & 0 \end{pmatrix}.$$

Sei $v_0 = 0$, so können wir schließen

$$\frac{c^2}{\rho_0}\partial_t\tilde{\rho} + c^2\partial_x\tilde{v} = 0 \quad\Longrightarrow\quad \partial_t\tilde{\rho} + \rho_0\partial_x\tilde{v} = 0, \tag{6.52}$$

$$\rho_0\partial_t\tilde{v} + c^2\partial_x\tilde{\rho} = 0 \quad\Longrightarrow\quad \partial_t\tilde{v} + \frac{c^2}{\rho_0}\partial_x\tilde{\rho} = 0. \tag{6.53}$$

Differenzieren wir (6.52) , (6.53) nach t und nach x, dann erhalten wir

$$\begin{aligned} \partial_{tt}\tilde{\rho} &= -\rho_0\partial_{xt}\tilde{v} = c^2\partial_{xx}\tilde{\rho}, \\ \partial_{tt}\tilde{v} &= -\frac{c^2}{\rho_0}\partial_{xt}\tilde{\rho} = c^2\partial_{xx}\tilde{v}. \end{aligned}$$

Dies aber sind die eindimensionalen Wellengleichungen

$$\begin{aligned} \partial_{tt}\tilde{\rho} - c^2\partial_{xx}\tilde{\rho} &= 0, \\ \partial_{tt}\tilde{v} - c^2\partial_{xx}\tilde{v} &= 0. \end{aligned}$$

Die Störterme $\tilde{\rho}$ und $\tilde{v}$ genügen jeweils der eindimensionalen Wellengleichung mit Ausbreitungsgeschwindigkeit $\pm c$. Das heißt, das Verhalten als Wellenphänomen gilt sowohl für die Massendichte als auch für das Geschwindigkeitsfeld.

Es gilt weiter, es ist mit $p = p_0(\rho/\rho_0)^\gamma$, wobei $p_0 = a\rho_0^\gamma$,

$$\begin{aligned} \Rightarrow \quad & p_{|\rho}(\rho) = \frac{p_0\gamma}{\rho_0}\left(\frac{\rho}{\rho_0}\right)^{\gamma-1} \\ \Rightarrow \quad & c = \sqrt{p_{|\rho}(\rho_0)} = \sqrt{\frac{p_0\gamma}{\rho_0}\left(\frac{\rho_0}{\rho_0}\right)^{\gamma-1}} = \sqrt{\frac{p_0\gamma}{\rho_0}}. \end{aligned} \tag{6.54}$$

Für die Luft bei 0 °C gilt etwa

$$\begin{aligned} \rho_0 &\approx 1{,}293\,\mathrm{kg/m^3}, \\ p_0 &\approx 1{,}0132\,\mathrm{bar} = 1{,}0132\cdot 10^5\,\mathrm{kg/(m\,s^2)}, \\ \gamma &\approx 1{,}402, \end{aligned}$$

so hat die Schallgeschwindigkeit c folgenden Wert:

$$c = \sqrt{\frac{p_0 \gamma}{\rho_0}} \approx \sqrt{\frac{1{,}0132 \cdot 1{,}402}{1{,}293} \cdot 10^5 \frac{\text{kg}}{\text{m}\,\text{s}^2} \frac{\text{m}^3}{\text{kg}}} \approx 331 \frac{\text{m}}{\text{s}}.$$

▶ **Bemerkung 6.9** Die Betrachtung lässt sich leicht analog in höheren Dimensionen führen. Wir erhalten dann, durch Linearisierung der n-dimensionalen Euler-Gleichungen um eine konstante Hintergrundströmung, die n-dimensionalen Wellengleichungen

$$\partial_{tt}\tilde{\rho} - c^2 \Delta\tilde{\rho} = 0,$$
$$\partial_{tt}\tilde{v} - c^2 \Delta\tilde{v} = 0.$$

Wellengleichung

Wir untersuchen die Wellengleichung im Eindimensionalen

$$\begin{aligned} &\partial_{tt}u - c^2 \partial_{xx}u = 0 \\ \Rightarrow \quad &\big[(\partial_t + c\partial_x)(\partial_t - c\partial_x)\big]u = 0. \end{aligned} \tag{6.55}$$

Es finden hier zwei Transportphänomene gleichzeitig statt

$$\begin{aligned} (\partial_t + c\partial_x)v_1 = 0 \quad &\Rightarrow \quad v_1 \text{ ist konstant auf } \xi = x + ct, \\ (\partial_t - c\partial_x)v_2 = 0 \quad &\Rightarrow \quad v_2 \text{ ist konstant auf } \eta = x - ct. \end{aligned}$$

Mit der Koordinatentransformation

$$\xi := x + ct, \quad \eta := x - ct, \quad u(t,x) = \tilde{u}(\xi,\eta)$$

gilt für die partiellen Ableitungen

$$\begin{aligned} \partial_t u &= \partial_\xi \tilde{u} \partial_t \xi + \partial_\eta \tilde{u} \partial_t \eta = c\big(\partial_\xi \tilde{u} - \partial_\eta \tilde{u}\big), \\ \partial_{tt} u &= c^2\big(\partial_{\xi\xi}\tilde{u} - 2\partial_{\xi\eta}\tilde{u} + \partial_{\xi\xi}\tilde{u}\big), \\ \partial_{xx} u &= \partial_{\xi\xi}\tilde{u} + 2\partial_{\xi\eta}\tilde{u} + \partial_{\xi\xi}\tilde{u}. \end{aligned}$$

Einsetzen in (6.55) ergibt

$$\partial_{\xi\eta}\tilde{u} = 0.$$

Die allgemeine Lösung lautet

$$\tilde{u}(\xi,\eta) = f(\xi) + g(\eta)$$

mit beliebige Funktionen f und g. Durch Rücktransformation erhalten wir die Lösungsdarstellung der Wellengleichung

$$u(t,x) = f(x+ct) + g(x-ct).$$

▶ **Bemerkung 6.10**

- Das heißt, anders als bei Transportgleichung wird ein Signal im Eindimensionalen in zwei Richtungen vorangetragen.
- Und im Gegensatz zur Burgers-Gleichung lässt sich dies nur durch die zusätzliche Massenerhaltung erreichen.

Entdimensionalisierung der Eulerschen Gleichungen, Mach-Zahl[3]

Wir betrachten die Euler-Gleichungen für barotrope Strömungen im dreidimensionalen Raum. Die dimensionslosen Variablen seien definiert durch

$$x^* = \frac{x}{L}, \quad t^* = \frac{t}{T} \tag{6.56}$$

und die dimensionslosen Funktionswerte durch

$$\rho^*(t^*,x^*) = \frac{\rho(t,x)}{\rho_\infty}, \quad v^*(t^*,x^*) = \frac{v(t,x)}{|v_\infty|}, \quad p^*(t^*,x^*) = \frac{p(t,x)}{p_\infty}. \tag{6.57}$$

Die Anzahl der dimensionslosen Referenzparameter in (6.56) und (6.57) ist überbestimmt. Aus Gründen der Konsistenz setzen wir daher

$$T := \frac{L}{|v_\infty|} \quad \text{und} \quad p_\infty := a\rho_\infty^\gamma.$$

Betrachte zuerst die Massenerhaltung

$$\partial_t \rho + \operatorname{div}(\rho v) = 0. \tag{6.58}$$

Die partiellen Ableitungen lassen sich schreiben zu

$$\begin{aligned}
\partial_t \rho &= \rho_\infty \left(\partial_{t^*}\rho^* \frac{dt^*}{dt}\right) = \frac{\rho_\infty}{T}\partial_{t^*}\rho^* = \frac{\rho_\infty |v_\infty|}{L}\partial_{t^*}\rho^*, \\
\operatorname{div}(\rho v) &= \sum_{i=1}^{3} \partial_{x_i}(\rho v) = \sum_{i=1}^{3}\left(\partial_{x_i}\rho\, v + \rho \partial_{x_i} v\right) \\
&= \sum_{i=1}^{3}\left(\frac{\rho_\infty}{L}\partial_{x_i^*}\rho^* |v_\infty| v^* + \rho_\infty \rho^* \frac{|v_\infty|}{L}\partial_{x_i^*} v^*\right) = \frac{\rho_\infty}{L}|v_\infty| \operatorname{div}(\rho^* v^*).
\end{aligned}$$

[3] Mach, Ernst: 1838–1916, Physiker und Philosoph. Bestätigte experimentell den Dopplereffekt und schuf die Grundlagen der Gasdynamik, welche von Ludwig Prandtl weiterentwickelt wurde. Ernst Mach gilt als Mitbegründer des Empiriokritizismus und als Wegbereiter der Gestaltpsychologie.

Einsetzen in (6.58) ergibt

$$\frac{\rho_\infty |v_\infty|}{L}\left(\partial_{t^*}\rho^* + \operatorname{div}(\rho^* v^*)\right) = 0.$$

Wir erhalten

$$\partial_{t^*}\rho^* + \operatorname{div}(\rho^* v^*) = 0,$$

d. h., es gibt keinen Unterschied zwischen der dimensionsbehafteten und der entdimensionalisierten Massenerhaltung.

Betrachte die Impulserhaltung O. B. d. A. setzen wir die externe Kraft $f \equiv 0$. Die Impulserhaltung komponentenweise lautet dann

$$\rho \partial_t v_i \rho (v \cdot \nabla) v_i + \partial_{x_i} p = 0, \quad i = 1, 2, 3. \tag{6.59}$$

Es gilt

$$\begin{aligned}
\rho \partial_t v_i &= \rho_\infty \rho^* |v_\infty| \frac{1}{T} \partial_{t^*} v_i^* = \frac{\rho_\infty |v_\infty|^2}{L}\left(\rho^* \partial_{t^*} v_i^*\right), \\
\rho(v \cdot \nabla) v_i &= \rho\left(\sum_{j=1}^{3} v_j \partial_{x_j}\right) v_i = \rho_\infty \rho^* \left(\sum_{j=1}^{3} |v_\infty| v_j^* \frac{1}{L} \partial_{x_j^*}\right) |v_\infty| v_i^* \\
&= \frac{\rho_\infty |v_\infty|^2}{L} \rho^* (v^* \cdot \nabla) v_i^*, \\
\partial_{x_i} p &= \frac{1}{L} p_\infty \partial_{x_i^*} p^*.
\end{aligned}$$

Einsetzen in (6.59) ergibt für $i = 1, 2, 3$

$$\frac{\rho_\infty |v_\infty|^2}{L}\left(\rho^* \partial_{t^*} v_i^*\right) + \frac{\rho_\infty |v_\infty|^2}{L} \rho^* (v^* \cdot \nabla) v_i^* + \frac{1}{L} p_\infty \partial_{x_i^*} p^* = 0. \tag{6.60}$$

Wir definieren die (globale) *Mach-Zahl* M_a durch

$$M_a := \frac{|v_\infty|}{\sqrt{p_\infty / \rho_\infty}}.$$

Die Mach-Zahl gibt das Verhältnis von Trägheitskräften zu Kompressionskräften an. Sie ist eine dimensionslose Kennzahl der Geschwindigkeit.

Wir dividieren Gleichung (6.59) durch $(\rho_\infty |v_\infty|^2)/L$ und erhalten die entdimensionalisierte Impulserhaltung

$$\rho^* \partial_{t^*} v^* + \rho^* (v^* \cdot \nabla) v^* + \frac{1}{M_a^2} \nabla p^* = 0.$$

Nach Rechnung (6.54) hatte die Schallgeschwindigkeit zur Hintergrundströmung (ρ_0, v_0) die Gestalt $c_{\rho_0} = \sqrt{(p_0\gamma)/\rho}$. In gleicher Weise ist die Schallgeschwindigkeit zur Hintergrundströmung (ρ_∞, v_∞) gegeben durch

$$c_\infty := c_{\rho_\infty} = \sqrt{p_{|\rho}(\rho_\infty)} = \sqrt{\frac{p_\infty}{\rho_\infty}\gamma}.$$

Die Mach-Zahl lässt sich also umformen zu

$$M_a = \frac{|v_\infty|}{c_\infty}\sqrt{\gamma}$$

und reduziert sich damit auf das Verhältnis vom Betrag der Geschwindigkeit $|v_\infty|$ zur Schallgeschwindigkeit c_∞. $M_a \gg 1$ bedeutet Überschallströmung und $M_a \ll 1$ Unterschallströmung.

▶ **Bemerkung 6.11** Die Mach-Zahl M_a ist das Maß für die Kompressibilität. Für $M_a \to 0$ ergibt sich der inkompressible Limes der Euler-Gleichungen.

Sphärisch symmetrische Akkretion eines Sternes

Wir betrachten einen sphärisch symmetrischen, nicht rotierenden Stern im interstellaren Medium, welcher Masse akkretiert durch Gravitation.

Annahmen:

1. Kugelsymmetrie,
2. Newtonsche Mechanik,
3. stationärer Prozess,
4. kein Magnetfeld, keine Selbstgravitation, kein Energietransport durch Strahlung oder Wärme.

Die Strömung der akkretierten Masse verhalte sich nach den Eulerschen Gleichungen der Gasdynamik (6.42)–(6.44). Die externe Kraft ist durch das Newtonsche Gravitationspotential gegeben (Annahme 2). Aus der ersten Annahme gilt die Kugelsymmetrie, d. h.

$$f = -G\frac{M(|x|)}{|x|^2} \cdot \frac{x}{|x|}.$$

Aus (6.42)–(6.44) erhalten wir damit

$$\partial_t \rho + \operatorname{div}(\rho\, v) = 0, \tag{6.61}$$

$$\partial_t v + (v \cdot \nabla) v = -\frac{1}{\rho}\nabla p - G\frac{M(|x|)}{|x|^2} \cdot \frac{x}{|x|}. \tag{6.62}$$

Zuerst transformieren wir System (6.61)–(6.62) auf kugelsymmetrische Koordinaten (Annahme 1). Sei

$$r = |x| = \sqrt{x_1^2 + x_2^2 + x_3^2} \quad \text{und} \quad \rho(t,x) = \tilde{\rho}(t,r),\ v(t,x) = \tilde{v}(t,r)\frac{x}{r}.$$

Zu (6.61): Es ist

$$\partial_{x_i} r = \frac{x_i}{r}, \quad \partial_{x_i}\frac{x_i}{r} = \frac{1}{r} - x_i\frac{1}{r^2}\frac{x_i}{r} = \frac{1}{r} - \frac{x_i^2}{r^3}.$$

Wir erhalten daher

$$\partial_t \rho = \partial_t \tilde{\rho},$$

$$\operatorname{div}(\rho v) = \sum_{i=1}^{3} \partial_{x_i}(\rho v) = \sum_{i=1}^{3} \partial_r(\tilde{\rho}\tilde{v})\frac{x_i^2}{r^2} + \tilde{\rho}\tilde{v}\left(\frac{1}{r} - \frac{x_i^2}{r^3}\right) = \frac{1}{r^2}\partial_r\left(r^2\tilde{\rho}\tilde{v}\right).$$

Eingesetzt in (6.61) erhalten wir die transformierte Gleichung

$$\partial_t \tilde{\rho} + \frac{1}{r^2}\partial_r\left(r^2\tilde{\rho}\tilde{v}\right) = 0. \tag{6.63}$$

Zu (6.62): Es ist

$$\partial_t v = \partial_t \tilde{v} \frac{x}{r}, \quad v_i = \tilde{v} \frac{x_i}{r},$$

$$\partial_{x_i} v = \partial_{x_i} \left(\tilde{v} \begin{pmatrix} x_1 \\ x_2 \\ x_3 \end{pmatrix} \frac{1}{r} \right) = \partial_r \tilde{v} \frac{x_i}{r^2} \begin{pmatrix} x_1 \\ x_2 \\ x_3 \end{pmatrix} + \tilde{v} \begin{pmatrix} \varepsilon_{1i} \\ \varepsilon_{2i} \\ \varepsilon_{3i} \end{pmatrix} \frac{1}{r} + \tilde{v} \begin{pmatrix} x_1 \\ x_2 \\ x_3 \end{pmatrix} \left(-\frac{1}{r^2} \right) \frac{x_i}{r},$$

wobei $\varepsilon_{ji} = 0$ für $j \neq i$ und $\varepsilon_{ji} = 1$ für $j = i$. Somit gilt für den nichtlinearen Term

$$\begin{aligned} (v \cdot \nabla) v &= \sum_{i=1}^{3} \left\{ \tilde{v} \partial_r \tilde{v} \frac{x_i^2}{r^3} \begin{pmatrix} x_1 \\ x_2 \\ x_3 \end{pmatrix} + \tilde{v}^2 \begin{pmatrix} \varepsilon_{1i} \\ \varepsilon_{2i} \\ \varepsilon_{3i} \end{pmatrix} \frac{x_i}{r^2} - \tilde{v}^2 \begin{pmatrix} x_1 \\ x_2 \\ x_3 \end{pmatrix} \frac{x_i^2}{r^4} \right\} \\ &= \tilde{v} \partial_r \tilde{v} \frac{x}{r} + \tilde{v}^2 \begin{pmatrix} x_1 \\ x_2 \\ x_3 \end{pmatrix} \frac{1}{r^2} - \tilde{v}^2 \begin{pmatrix} x_1 \\ x_2 \\ x_3 \end{pmatrix} \frac{1}{r^2} = \tilde{v} \partial_r \tilde{v} \frac{x}{r}. \end{aligned}$$

Für den Druckgradienten gilt

$$-\frac{1}{\rho} \nabla p = -\frac{1}{\tilde{\rho}} \partial_r \tilde{p} \frac{x}{r}.$$

Aus (6.62) wird

$$\partial_t \tilde{v} \frac{x}{r} + \tilde{v} \partial_r \tilde{v} \frac{x}{r} = -\frac{1}{\tilde{\rho}} \partial_r \tilde{p} \frac{x}{r} - \frac{GM}{r^2} \frac{x}{r}.$$

Nach Division durch x/r erhalten wir

$$\partial_t \tilde{v} + \tilde{v} \partial_r \tilde{v} = -\frac{1}{\tilde{\rho}} \partial_r \tilde{p} - \frac{GM}{r^2}. \tag{6.64}$$

Der Übersichtlichkeit halber lassen wir die Tilde weg, bleiben jedoch immer in kugelsymmetrischen Koordinaten.

Nach Annahme 3 betrachten wir hier einen stationären Prozess, d. h. $\partial_t \tilde{\rho} = \partial_t \tilde{v} = 0$.

Aus (6.63) erhalten wir

$$\frac{1}{r^2} \partial_r \left(r^2 \rho v \right) = 0 \quad \Longrightarrow \quad r^2 \rho v = \text{const} =: -\frac{\dot{M}}{4\pi}. \tag{6.65}$$

Es gibt also einen konstanten Massenfluss

$$\dot{M} = -4\pi r^2 \rho v,$$

wobei $4\pi r^2$ die Oberfläche und ρv den lokalen Massenfluss darstellt.

Aus (6.64) ergibt sich

$$v\partial_r v = -\frac{1}{\rho}\partial_r p - \frac{GM}{r^2}.$$

Mit der Kettenregel ergibt sich

$$\frac{1}{2}\partial_r(v^2) + \frac{1}{\rho}\, p_{|\rho}\, \partial_r \rho + \frac{GM}{r^2} = 0. \tag{6.66}$$

Die Schallgeschwindigkeit in jedem Punkt ist definiert durch

$$c_s(t,r) := \sqrt{p_{|\rho}(\rho(t,r))}. \tag{6.67}$$

Siehe Definition (6.51), bei der die Schallgeschwindigkeit bezüglich einer konstanten Grundströmung definiert wurde.

Aus (6.65) wissen wir $\rho = \text{const}/(r^2 v)$. Damit gilt

$$\frac{1}{\rho}\partial_r \rho = \frac{r^2 v}{\text{const}}\partial_r\left(\frac{\text{const}}{r^2 v}\right) = r^2 v\left(-\frac{1}{(r^2 v)^2}\right)\partial_r(r^2 v) = -\frac{1}{r^2 v}\partial_r(r^2 v). \tag{6.68}$$

Gleichungen (6.67) und (6.68) eingesetzt in (6.66) ergibt

$$\frac{1}{2}\partial_r(v^2) - \frac{c_s^2}{r^2 v}\partial_r\left(r^2 v\right) + \frac{GM}{r^2} = 0. \tag{6.69}$$

Wir formen weiter um:

$$\begin{aligned} -\frac{c_s^2}{r^2 v}\partial_r\left(r^2 v\right) &= -\frac{c_s^2}{r^2 v}\left(2rv + r^2 \partial_r v\right) = -\frac{2c_s^2}{r} - \frac{c_s^2}{v^2} v\partial_r v \\ &= -\frac{2c_s^2}{r} - \frac{c_s^2}{v^2}\frac{1}{2}\partial_r\left(v^2\right). \end{aligned} \tag{6.70}$$

Gleichung (6.70) eingesetzt in (6.69) ergibt

$$\frac{1}{2}\partial_r(v^2) - \frac{2c_s^2}{r} - \frac{c_s^2}{v^2}\frac{1}{2}\partial_r\left(v^2\right) = -\frac{GM}{r^2}.$$

Wir sortieren die einzelnen Summanden um und erhalten

$$\frac{1}{2}\left[1 - \frac{c_s^2}{v^2}\right]\partial_r(v^2) = -\frac{GM}{r^2}\left[1 - \frac{2c_s^2 r}{GM}\right]. \tag{6.71}$$

Wir interpretieren nun das Ergebnis

1. Wir betrachten große Entfernungen r:
   In diesem Fall ist die Massendichte $\rho = \rho_0 \equiv$ const. Dann ist die Schallgeschwindigkeit $c_s = \sqrt{p_{|\rho}(\rho_0)}$ ebenfalls konstant. Die rechte Seite von (6.71) ist daher positiv und nahe Null. Für große r befindet sich das Gas in Ruhe ($v = 0$) und die Geschwindigkeit nimmt zum Zentrum hin zu. Allgemein gilt für große r: $\partial_r(v^2) < 0$. Damit die linke Seite von (6.71) positiv bleibt, muss gelten
   $$1 - \frac{c_s^2}{v^2} < 0,$$
   d. h. $v^2 < c_s^2$. Das bedeutet für große r haben wir eine Unterschallströmung.
2. Die rechte Seite von (6.71) verschwindet an einem ausgezeichneten Radius r_s, welcher
   $$r_s := \frac{GM}{2c_s^2(r_s)}$$
   erfüllt.
   Dann muss auch die linke Seite von (6.71) verschwinden, d. h.
   $$\partial_r(v^2) = 0 \quad \text{oder} \quad 1 - \frac{c_s^2}{v^2} = 0.$$
   $\partial_r(v^2) = 0$ wäre unphysikalisch. Daher muss $1 - \frac{c_s^2}{v^2} = 0$ gelten, d. h. $c_s^2 = v^2$ für $r = r_s$. Der Radius r_s wird *Schallradius* bzw. *Schallpunkt* bezeichnet.
3. Für den Fall, dass die Strömung durch den Schallpunkt hindurchgeht, gilt $v^2 > c_s^2$ für $0 < r \ll r_s$. In diesem Bereich kann somit eine Überschallströmung existieren.

Symbolverzeichnis

F	Kraft
$C^m(\bar{\Omega})$	Raum der m-mal stetig differenzierbaren Funktionen
$C(\Omega), \|\cdot\|_\infty$	Raum der stetigen Funktionen mit Supremumsnorm
ε	dimensionsloser Parameter
$L^p(\Omega)$	Raum der p-integrierbaren Funktionen bezüglich des Lebesque-Maßes
LMT	abstrakte Grundeinheiten: L = Länge, M = Masse, T = Zeit
ρ	Massendichte
v	Geschwindigkeitsfeld
∂_t	partielle Ableitung nach t
$x^*_{\text{ref}}, t^*_{\text{ref}}$	intrinsische Referenzgrößen
O, o, O_s	Landausche Ordnungssymbole, siehe Definition 2.6
s_x	Oberflächenmaß
$\vec{n}$	äußerer Normalenvektor
σ	Spannungstensor
q	Energiefluss, Wärmefluss
p	Druck
μ	Scherviskosität
λ	Volumenviskosität
s	Entropie
Q	Drehung
Re	Reynoldszahl
$\|\cdot\|$	Supremumsnorm
$[\alpha]$	Dimension der Größe α

K.-H. Hoffmann, G. Witterstein, *Mathematische Modellierung*, Mathematik Kompakt,
DOI 10.1007/978-3-0346-0650-9, © Springer Basel 2014

Literatur

1. H.W. Alt, The entropy principle for interfaces. Fluids and solids, Adv. Math. Sci. Appl. **19**(2), 585–663 (2009)
2. C.M. Bender, S.A. Orszag, *Advanced Mathematical Methods for Scientists and Engineers I: Asymptotic and Perturbation Theory*. International Series in Pure and Applied Mathematics (Springer Verlag, 1999)
3. J.B. Boyling, A Short Proof of the Pi Theorem of Dimensional Analysis. J. Appl. Math. Phys. **30** (1979)
4. M. Burger, Mathematische Modelle in der Technik. Vorlesungsskript (Universität Münster, WS 2004/2005)
5. C. Eck, H. Garcke, P. Knabner, *Mathematische Modellierung*, 2. überarb. Aufl., Springer-Lehrbuch (Springer Verlag, 2011)
6. N.D. Fowkes, J.J. Mahony, *An Introduction to Mathematical Modelling* (Wiley, 1994)
7. H. Görtler, *Dimensionsanalyse*. Ingenieurswissenschaftliche Bibliothek (Springer Verlag, Berlin, 1975)
8. P.G. Hill, C.R. Peterson, *Mechanics and Thermodynamics of Propulsion* (Addison-Wesley Publishing Company, New York, 1992)
9. E.J. Hinch, *Perturbation Methods*. Cambridge Texts in Applied Mathematics (Cambridge University Press, 1991)
10. A. Jüngel, Mathematische Modellierung mit Differentialgleichungen. Vorlesungsskript (Universität Mainz, SS 2003)
11. J.K. Kevorkian, J.D. Cole, *Multiple Scale and Singular Perturbation Methods*. Applied Mathematical Sciences, Bd. 114 (Springer Verlag, 1996)
12. L.D. Landau, E.M. Lifschitz, *Hydrodynamik*. Lehrbuch der Theoretischen Physik, Bd. 6 (Akademie Verlag, 1991)
13. C.C. Lin, L.A. Segel, *Mathematics Applied to Deterministic Problems in the Natural Sciences* (Macmillan Publishing, New York, 1975)
14. I. Müller. *Thermodynamics*. Interaction of Mechanics and Mathematics (Pitman, 1985)
15. C. Schmeiser, Angewandte Mathematik. Vorlesungsskript (TU Wien, 2001)
16. R. Temam, A.M. Miranville, *Mathematical Modelling in Continuum Mechanics* (Cambridge University Press, 2001)
17. G. Warnecke, *Analytische Methoden in der Theorie der Erhaltungsgleichungen* (Teubner Verlag, Stuttgart, 1999)
18. K. Wilmanski, *Thermomechanics of Continua* (Springer Verlag, 1998)

Sachverzeichnis

Printed in the United States
By Bookmasters